M. G. 34

Einleitung — Eigenart der Waffe.

Das M.G. 34 und M.G. 42 trägt den Forderungen der Truppe nach Gewichtserleichterung und Konstruktionsvereinfachung der Waffe sowie der vereinfachten und verkürzten Ausbildung in jeder Weise Rechnung.

Die Gewichtserleichterung wurde durch den Wegfall der Wasserkühlung, die vereinfachte Ausbildung und verkürzte Ausbildungszeit durch einfache Konstruktion der Waffe unter weitgehendster Angleichung der konstruktiven Anordnungen und Bewegungsvorgänge beim Zuführen, Laden, Entzünden der Patrone und Entladen (Ausziehen und Auswerfen der Patronenhülsen) an die eingeführte Handwaffe (Gewehr) erreicht.

Beim M.G. 34 und M.G. 42 werden die Kräfte, die zur Abgabe eines Schusses beim Gewehr vom Schützen selbst aufgewendet werden müssen, durch den Rückstoß im Verein mit der Federkraft aufgebracht. Sämtliche Arbeiten, die zum Laden, zur Schußabgabe und zum Entladen erforderlich sind (Ausnahme Laden der 1. Patrone), werden nicht durch den Schützen selbst, wie bei der Einzelfeuerwaffe (Gewehr usw.), sondern durch die Kraft der Pulvergase in Verbindung mit einer Federkraft ausgeführt.

Es sind zuschießende (offene) Waffen, das M.G. 34 mit einem gradlinigen Drehverschluß und das M.G. 42 mit einem gradlinigen Bolzenverschluß.

Die Patronen werden der Waffe mit Hilfe eines offenen Patronenstahlgurtes oder beim M.G. 34 auch einer Patronentrommel zugeführt.

Bei der Verwendung des Patronenstahlgurtes ist die Zuführung der Patronen mit der Schußfolge auf mechanischem Wege unmittelbar verkoppelt.

Bei der Zuführung durch die Patronentrommel 34 werden die Patronen durch eine Feder in der Patronentrommel ohne Einwirkung des Rückstoßes dem Maschinengewehr zugeführt.

Die Schußfolge beträgt beim M.G. 34 etwa 15, beim M.G. 42 etwa 25 Schuß in der Sekunde. Beim le.M.G. wird bei Feuerstößen von 5—7 Schuß eine praktische Feuergeschwindigkeit von 100—150 Schuß, beim s.M.G. auf M.G.-Lafette bei Abgabe von Dauerfeuer eine solche von etwa 300—400 Schuß in der Minute erreicht.

Die Visierreichweite beträgt bei Benutzung des mechanischen Visiers 2000 m, bei Benutzung der M.G.-Zieleinrichtung auf M.G.-Lafette 34 im direkten Richten 3000 m und im indirekten Richten 3500 m.

Die M.G. 34 und M.G. 42 sind durch ihr geringes Gewicht und ihre Handlichkeit besonders als leichte Maschinengewehre verwendbar, entsprechen aber auch durch ihre Leistungsfähigkeit und Zuverlässigkeit den Anforderungen, die an ein schweres Maschinengewehr gestellt werden.

Jedes M.G. 34 und M.G. 42 kann, falls es die Lage erfordert, als le.M.G. mit Vorder- oder Mittelunterstützung oder als s.M.G. auf M.G.-Lafette benutzt werden.

Die **Leistungsfähigkeit** der wassergekühlten M.G. wird beim M.G. 34 und M.G. 42 (ohne Wasserkühlung) durch

den stärkeren Lauf,

den schnelleren Laufwechsel und

die größere Anzahl Vorratsläufe

nicht nur erreicht, sondern sogar weit übertroffen, da der Laufwechsel beim M.G. 34 und M.G. 42 weniger Zeit beansprucht als das Nachfüllen des Wassers bei einer wassergekühlten Maschinenwaffe.

Die **Zuverlässigkeit** wird durch die sogenannte zuschießende (offene) Waffe erreicht.

Gewicht

des M.G. 34 m. Zweibein u. Trageriemen	etwa	12 kg
des M.G. 42 m. Zweibein u. Trageriemen	etwa	11 kg
der M.G.-Lafette 34 ohne Aufsatzstück	etwa	19 kg
der M.G.-Zieleinrichtung mit Behälter	etwa	3 kg

Die **Waffenwirkung**:

a) **Bei Verwendung** als le.M.G. mit **Vorderunterstützung** gegen hohe und tiefe Ziele guter Erfolg innerhalb 1500 m, darüber hinaus genügende Wirkung. Bei guter Beobachtungsmöglichkeit können kleine und schwer erkennbare Ziele, z. B. gut eingenistete le.M.G. bis 1200 m mit Erfolg unter Feuer genommen werden.

b) **Bei Verwendung als** s.M.G. **auf** M.G.-**Lafette** gegen gut eingenistete Ziele, z. B. M.G.-Nester bis 1500 m, gegen hohe und tiefe Ziele, z. B. Truppenansammlungen, ausreichend bis 3500 m. Ungedeckt sich bewegende Ziele erleiden schwere Verluste bis 2000 m.

c) Gegen Flugziele ist mit M.G. 34 und M.G. 42 auf Dreibein, auf M.G.-Lafette mit Lafettenaufsatzstück, auf Fliegerdrehstütze, M.G.-Sockel 41 und von der Schulter eines Schützen sowie als Zwillingswaffe im Zwillingssockel gelagert, unter 1000 m Entfernung mit Erfolg zu rechnen.

Die Schußleistung und Durchschlagswirkung der aus den M.G. 34 und M.G. 42 verschossenen sS- und SmK-Geschosse entsprechen denen des Gewehrs.

I. Teil.

Das M. G.-Gerät 34.

A. Das M.G. 34.

I. Teile des M.G. 34 und ihre Aufgaben.

(Bild 1—6.)

Lauf mit Verriegelungsstück,
Schloß,
Schließfeder,
Mantel mit Verbindungsstück, Visiereinrichtung und
Rückstoßverstärker,
Gehäuse mit Griffstück und Abzugvorrichtung,
Kolben mit Bodenstück,
Deckel mit Zuführer oder
Deckel mit Trommelhalter,
Geteilter Trageriemen,
Bezug zum M.G. 34,
Platzpatronengerät 34 (Übungsgerät).

1) Im **Lauf** (Bild 1) wird die Patrone entzündet und dem Geschoß Richtung und Drehung gegeben. **Er gleicht dem des Gewehrs, nur ist die Wandung stärker.** Das Verriegelungsstück dient zum Verriegeln des Laufs durch das Schloß. **Es entspricht in seiner Aufgabe der des Hülsenkopfes am Gewehr.** Der hintere Teil des Verriegelungsstückes ist zur Führung der Ansätze mit Rollen am Verschlußkopf kurvenartig geformt. Außen sind zur Führung des Laufes 2 Führungsleisten. Im Innern des Verriegelungsstückes sind Kämme eingearbeitet. In diese greifen die entsprechenden Kämme am Verschlußkopf ein **wie die Kammerwarzen in die Nuten des Hülsenkopfes beim Gewehr.**

2) Das **Schloß** (Bild 2 und 2a) verriegelt den Lauf nach hinten. Es dient zum Einführen der Patrone in das Patronenlager, Entzünden der Patrone, zum Ausziehen und Auswerfen der Patronenhülsen, sowie zur Betätigung des Zuführers.

Teile des Schlosses:

a) Verschlußkopf mit
Ausstoßer,
2 Ansätze mit Rollen,
Stützhebel,
Auszieher und
Auswerfer,

b) Schlagbolzen mit
Schlagbolzenfeder und
Federlager,

c) Schloßgehäuse und

d) Schlagbolzenmutter.

a) Der Verschlußkopf (vgl. die **Kammer des Gewehrs**) dient mit Hilfe der Verriegelungskämme zum Verriegeln des Laufes nach hinten und in Verbindung mit dem Schloßgehäuse und dem Federlager zum Spannen der Schlagbolzenfeder. Er nimmt den Schlagbolzen mit Schlagbolzenfeder und das Federlager auf. Am Verschlußkopf befinden sich 2 dreieckförmige Verlängerungen. An ihnen gleiten entsprechende Schrägflächen des Schloßgehäuses entlang und bewirken dadurch das Spannen der Schlagbolzenfeder, **vgl. die Schrägflächen an Kammer und Schlößchen zum Gewehr.** Die beiden Ansätze (Gleitsteine) am langen Teil des Verschlußkopfes führen den Verschlußkopf im Gehäuse und unterstützen die Drehbewegungen des Verschlußkopfes.

Bild 1. Der Lauf
mit Verriegelungsstück.

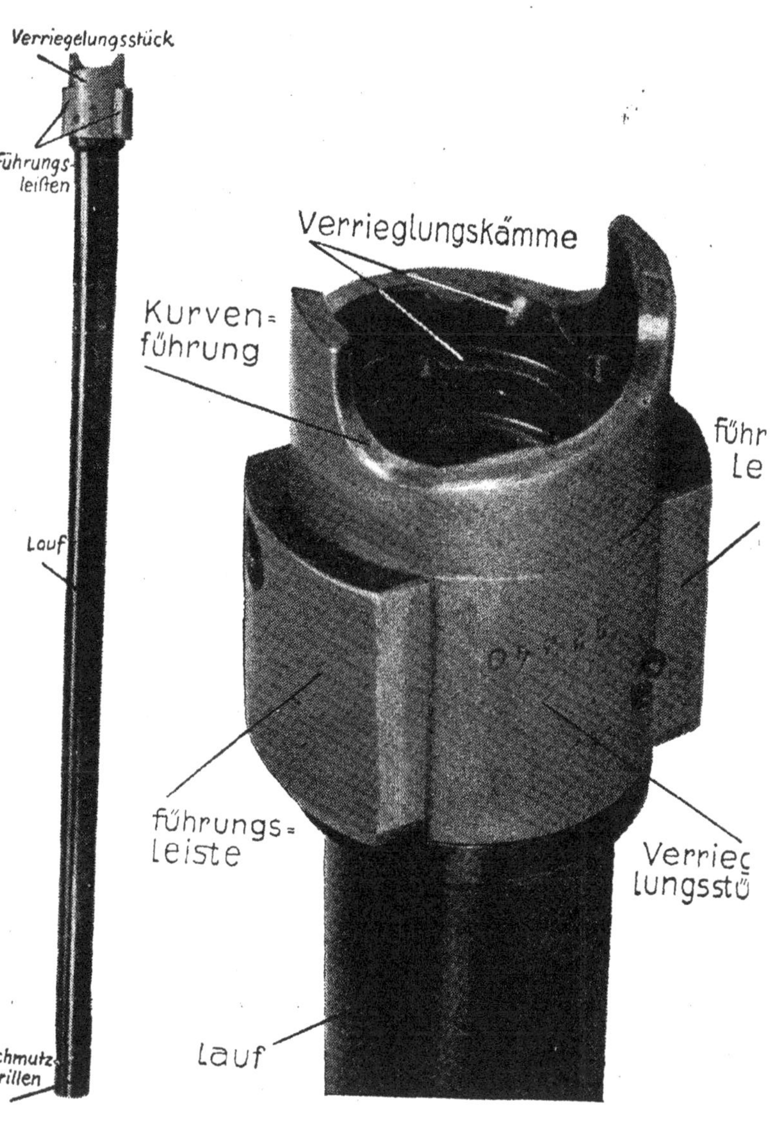

2 M.G. 34

Bild 2. **Das Schloß** (gespannt).

a) von oben.

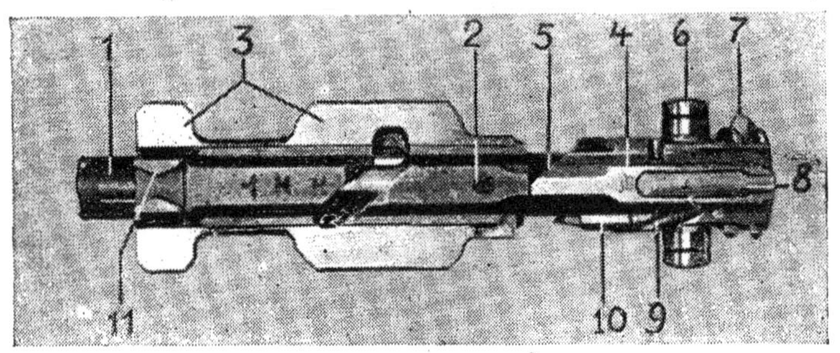

b) von unten.

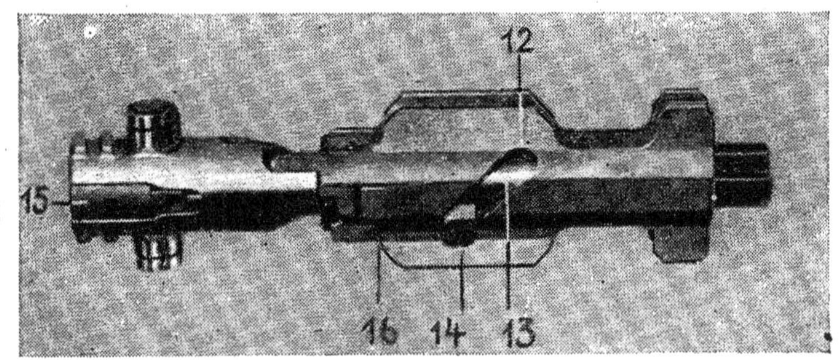

1. Schlagbolzenmutter. 2. Schloßgehäuse. 3. Führungsleisten am Schloßgehäuse. 4. Verschlußkopf. 5. Dreieckförmige Verlängerung am Verschlußkopf. 6. Ansätze mit Rollen. 7. Verriegelungskämme. 8. Ausstoßer. 9. Auswerfer. 10. Stützhebel. 11. Ansätze zur Betätigung des Transporthebels. 12. Kurvenförmige Durchbrüche am Schloßgehäuse. 13. Langer Teil des Verschlußkopfes. 14. Ansätze (Gleitsteine) am langen Teil des Verschlußkopfes. 15. Auszieher. 16. Nase am Schloßgehäuse.

Bild 2 a. Schloß zerlegt.

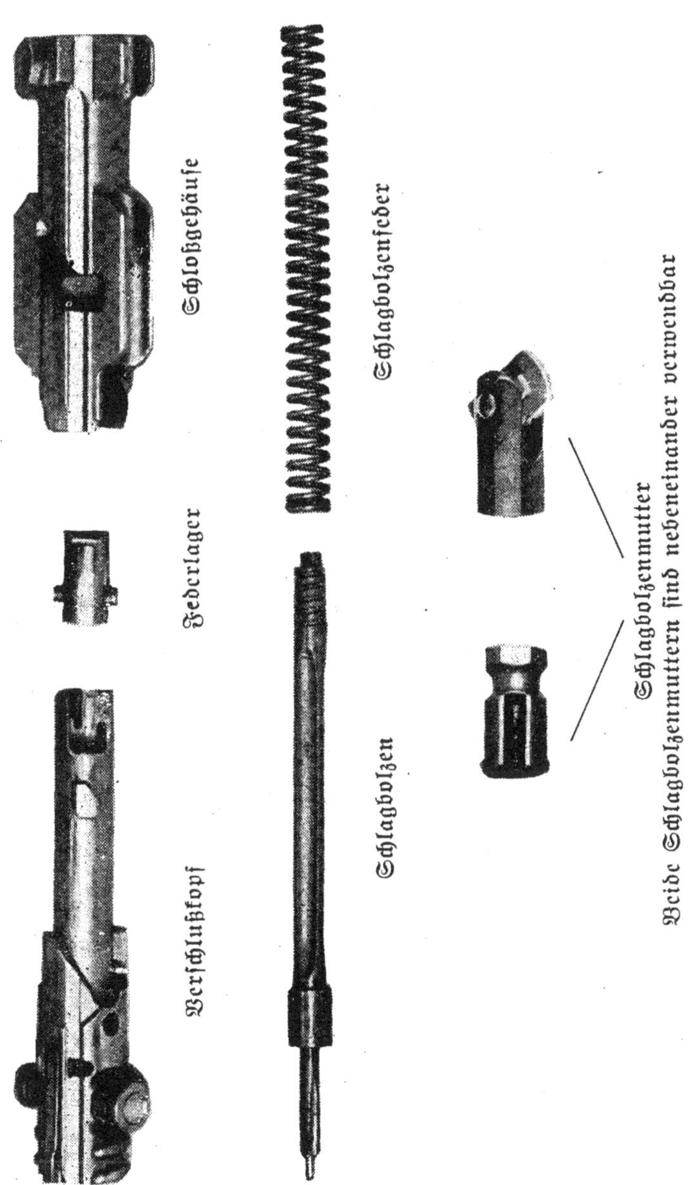

2*

Mit dem Ausstoßer wird die Patrone aus dem Patronenstahlgurt oder der Patronentrommel 34 in den Lauf (Patronenlager) gestoßen.

Die beiden Ansätze mit Rollen, rechts und links am Verschlußkopf, dienen in Verbindung mit den Kurven am Verriegelungsstück des Laufes und am vorderen Teil des Gehäuses zur Drehung des Verschlußkopfes beim Verriegeln und Entriegeln des Laufes. **Sie sind in ihrer Aufgabe mit dem Kammerstengel an der Kammer des Gewehrs zu vergleichen.**

Der Stützhebel dient mit seiner Nase zum Zurückhalten des Schlagbolzens während der Drehung des Verschlußkopfes und mit seinem Hebelarm zur Freigabe des Schlagbolzens. **Der Stützhebelarm hat dieselbe Aufgabe wie der Abzug und die Nase am Stützhebel dieselbe wie der Abzugstollen beim Gewehr.**

Der Auszieher zieht mit seiner Kralle die Patronenhülse aus dem Lauf. **Die Arbeitsweise ist dieselbe wie die des Ausziehers an der Kammer des Gewehrs.**

Der Auswerfer dient zum Auswerfen der Patronenhülse mit Hilfe des Auswerferanschlages am Gehäuse; **vgl. Auswerfer am Gewehr.**

b) Der Schlagbolzen dient mit Hilfe der Schlagbolzenfeder zum Entzünden der Patrone. Am vorderen Teil des Schlagbolzens befindet sich eine Verstärkung (Bund), gegen den sich die Nase des Stützhebels bei gespannter Schlagbolzenfeder legt. Gleichzeitig dient der Bund als vorderes Widerlager für die Schlagbolzenfeder. **Dieser Bund entspricht der Nase an der Schlagbolzenmutter des Gewehrs.** Der hintere Teil des Schlagbolzens hat, **wie der Schlagbolzen zum Gewehr,** ein Gewinde zum Aufschrauben der Schlagbolzenmutter.

Das Federlager ist in den langen Teil des Verschlußkopfes eingesetzt und bildet das hintere Widerlager für die Schlagbolzenfeder.

c) Das Schloßgehäuse dient zur Aufnahme des Verschlußkopfes, in Verbindung mit der Schlagbolzenmutter zum Spannen der Schlagbolzenfeder und mit Hilfe der Führungsflächen zur Führung des Schlosses bei den Vor- und Rückwärtsbewegungen. Die abgeschrägte Fläche (Rampe) im vorderen Teil des Schloßgehäuses schiebt sich bei der Vorwärtsbewegung des Schloßgehäuses unter den Arm des Stützhebels. **Die Aufgabe dieser Schrägfläche entspricht der Tätigkeit des Zeigefingers beim Zurückziehen des Abzuges beim Gewehr.** In den kurvenförmigen Durchbrüchen des Schloßgehäuses bewegen sich die Ansätze (Gleitsteine) am Verschlußkopf. Zwei im hinteren oberen Teil des Schloßgehäuses sich gegenüberstehende Ansätze dienen mit Hilfe des Transporthebels und Gurtschieberhebels zur Betätigung des Zuführers. Unten am Schloßgehäuse befindet sich eine Nase. An dieser wird das Schloß beim Loslassen des Abzuges vom Abzugstollen gefangen und in der hinteren Stellung zurückgehalten.

d) Die Schlagbolzenmutter dient zum Spannen der Schlagbolzenfeder. Außerdem verbindet sie den Verschlußkopf und das Schloßgehäuse mit Hilfe des Schlagbolzens und hält den Schlagbolzen bis zum Beginn der Verriegelung zurück.

3) Die **Schließfeder** wirft das durch den Rückstoß zurückgeworfene Schloß wieder nach vorn und verriegelt mit ihm den Lauf nach hinten. **Ihre Tätigkeit entspricht der des Schützen beim Laden des Gewehrs.**

4) Der **Mantel** (Bild 3) dient zur Lagerung und Führung des Laufes. Er ist durch das Verbindungsstück mit dem Gehäuse verbunden. Den vorderen Abschluß bildet die Gewindebuchse mit einem Einschub für die Verwendung des Zweibeins als Vorderunterstützung. In die Gewindebuchse wird der Rückstoßverstärker eingeschraubt. Der

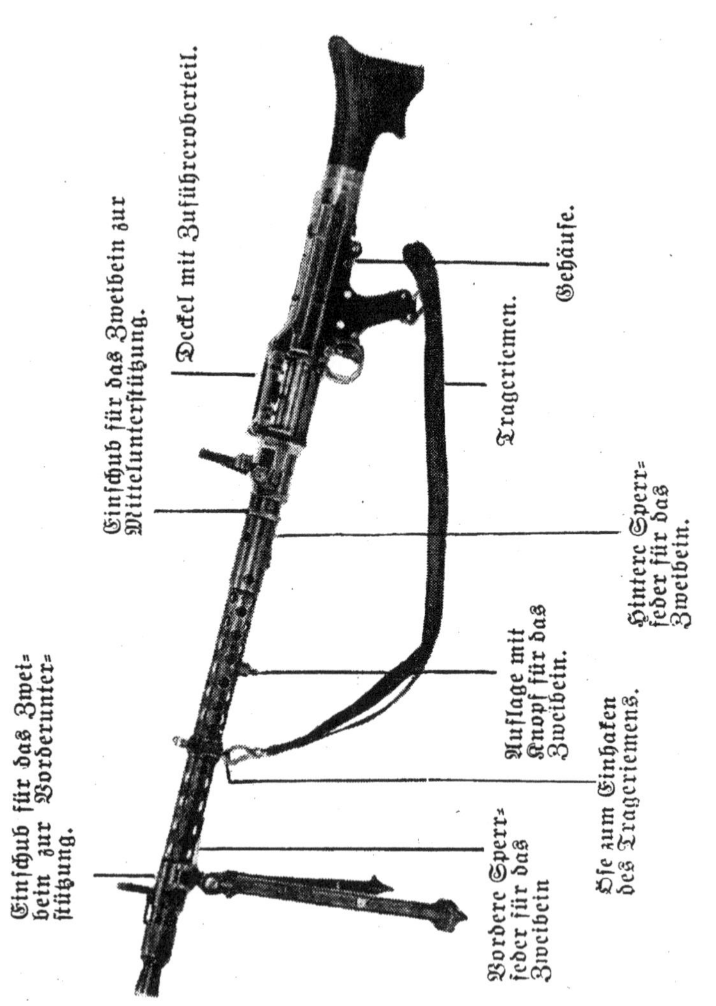

Bild 3. Das M.G. 34 auf Zweibein (von links gesehen).

Bild 4. **Das M.G. 34 auf Zweibein** (von rechts gesehen (Deckel geöffnet).

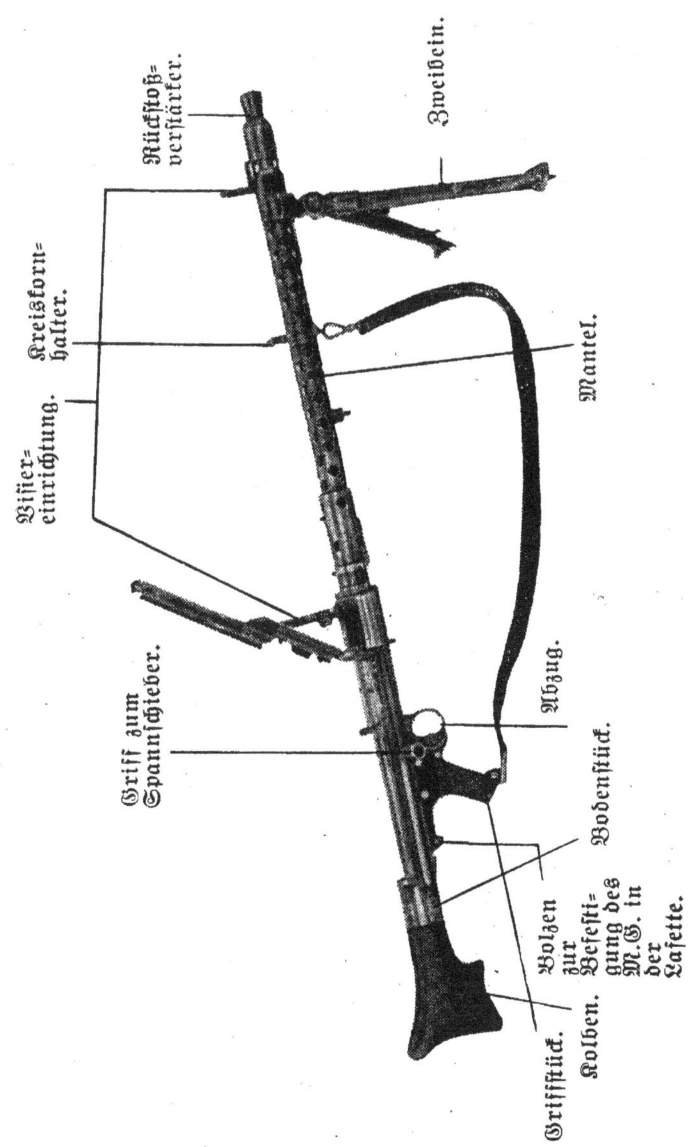

mittlere Teil des Mantels — das Mantelrohr ist zur besseren Abkühlung des Laufes mit Durchbrüchen versehen. Die Sperrfeder vorn unten am Mantelrohr verhindert ein selbständiges Lösen des Zweibeins aus dem Einschub. Das Auflager mit Knopf dient zum Festlegen des zurückgeklappten Zweibeins. Vor dem Verbindungsstück befindet sich der Einschub für das Zweibein zur Verwendung als Mittelunterstützung. Die Sperrfeder vor dem hinteren Einschub verhindert ein selbständiges Lösen des Zweibeins aus dem Einschub. Oben auf dem Mantel befindet sich die mechanische Visiereinrichtung für den Erdzielbeschuß, das Fliegervisier (in das Stangenvisier eingeklappt) und der Kreiskornhalter zum Aufsetzen des Kreiskorns für den Flugzielbeschuß. Die mechanische Visiereinrichtung (Visier und Korn) dient zum Zielen bei Verwendung des M.G. als le.M.G. (auf Zweibein oder Dreibein); bei s.M.G. wird es benutzt zum Stellen des Sicherheitsvisiers, wenn eigene Truppen oder Geländebedeckungen überschossen werden sollen, bzw. wenn die M.G.-Zieleinrichtung beschädigt ist oder fehlt. Zum Zielen für den Flugzielbeschuß dient das Fliegervisier in Verbindung mit dem Kreiskorn.

Das Verbindungsstück — hinterer Teil des Mantels — mit Bohrung für den Gehäusezapfen dient zur Verbindung des Mantels mit dem Gehäuse und zur hinteren Lagerung und zur Führung des Laufes. **Im Innern befinden sich die Nuten für die Leisten am Verriegelungsstück des Laufes.** Der Druckbolzen mit Feder verhindert ein selbständiges Lösen des Mantels vom Gehäuse bei ausgeklapptem Mantel bzw. bei ausgeklapptem Gehäuse. An der linken Seite des Verbindungsstücks befindet sich die Gehäusesperre. Sie hält Mantel und Gehäuse in der richtigen Lage zusammen. An der rechten unteren Seite ist die Verschlußsperre angebracht. Sie greift im verriegelten Zustande des Schlosses mit ihrer Nase über einen Ansatz mit Rolle des Verschlußkopfes und verhindert ein Zurückprallen des Verschlußkopfes beim Verriegeln und verzögert das Entriegeln des Laufs.

5) Das Gehäuse (Bild 4) dient zur Lagerung und Führung des Schlosses und zur Aufnahme der Schließfeder. **Der Zweck des Gehäuses ist derselbe wie der der Hülse am Gewehr.** Beim Gehäuse tritt nur die Lagerung der Schließfeder hinzu. Nach oben wird das Gehäuse durch den Deckel mit Zuführer oder den Deckel mit Trommelhalter abgeschlossen. Am hinteren Teil ist die Bodenstücksperre mit Feder befestigt. Sie verhindert ein selbständiges Lösen des Bodenstücks vom Gehäuse. Unten ist das Griffstück mit Abzugvorrichtung und Sicherung angebracht. Hinter dem Griffstück befinden sich die Befestigungsbolzen zum Einsetzen des M.G. in die M.G.-Lafette, den Zwillingssockel und in die Befestigungsvorrichtungen der Fahrzeuge. Vor dem Griffstück sind Ansätze für den Hülsensack und ein Durchbruch für den Hülsenauswurf. Der Durchbruch ist durch eine Klappe **(Staubschutzklappe)** verschlossen, die sich beim Zurückziehen des Abzugs selbsttätig öffnet. Im vorderen Teil der Wandung links unten lagert die Vorholstange mit Feder. Sie drückt den durch den Rückstoß zurückgeworfenen Lauf sofort nach der Entriegelung durch den Verschlußkopf wieder in seine alte Lage. An der rechten Seite befindet sich der Spannschieber mit Blattfeder. Er dient zum Anheben der Verschlußsperre, zum Zurückziehen des Schlosses und zum Spannen der Schließfeder beim Laden.

An der rechten inneren Seite ist der Auswerferanschlag. Gegen diesen stößt bei der Rückwärtsbewegung des Schlosses der Auswerfer, der die Patronenhülse durch den Hülsenauswurf auswirft.

Das **Griffstück** nimmt die **Abzugvorrichtung** auf. Es dient zur Handhabung des M.G. beim Schießen im Anschlag aus der Schulter. Der **Abzugstollen** greift durch einen Durchbruch des Gehäuses in die Schloßbahn hinein. Er fängt das Schloß bei nicht zurückgezogenem Abzug in seiner Vorwärtsbewegung an der Nase des Schloßgehäuses.

6) Das **Bodenstück** verschließt das Gehäuse nach hinten und dient als Widerlager für die Schließfeder sowie zur Anbringung des Kolbens. Im Bodenstück befindet sich eine Pufferfeder, die ein zu hartes Anschlagen des Schlosses nach rückwärts verhindert.

7) Der **Kolben** ist abnehmbar am Bodenstück befestigt und dient zum Einziehen des M.G. in die Schulter.

8) Der **Deckel mit Zuführeroberteil** (Bild 5) dient bei Verwendung des Patronenstahlgurtes in Verbindung mit dem **Zuführerunterteil** zum Zuführen der Patronen. Der Zuführerunterteil ist zum Einhängen der Gurttrommel 34 eingerichtet. Am Deckel befindet sich der Deckelriegel. Auf den vorderen Teil des Deckels wird der Zuführeroberteil aufgeschoben. Auf der Innenseite des Deckels ist der Transport- und Gurtschieberhebel mit einem Zapfen beweglich befestigt. Der vordere Teil des Deckels läuft in einen hakenförmigen Ansatz aus, mit dem der Deckel am Gehäuse angebracht wird.

Der Zuführeroberteil besteht aus:

dem **Zuführergehäuse** (Oberteil) mit
zwei **Gurthebeln** mit Feder und
zwei **Druckhebeln** mit Feder,
dem **Gurtschieber** mit
Zubringehebel und Feder.

Der **Transporthebel**, der bei geschlossenem Deckel mit seiner Leiste zwischen die Ansätze am Schloßgehäuse greift, setzt die Vor- und Rückwärtsbewegungen

Bild 5. **Deckel mit Zuführeroberteil.**
(Der Zuführeroberteil ist zur Hälfte vom Deckel abgestreift.)

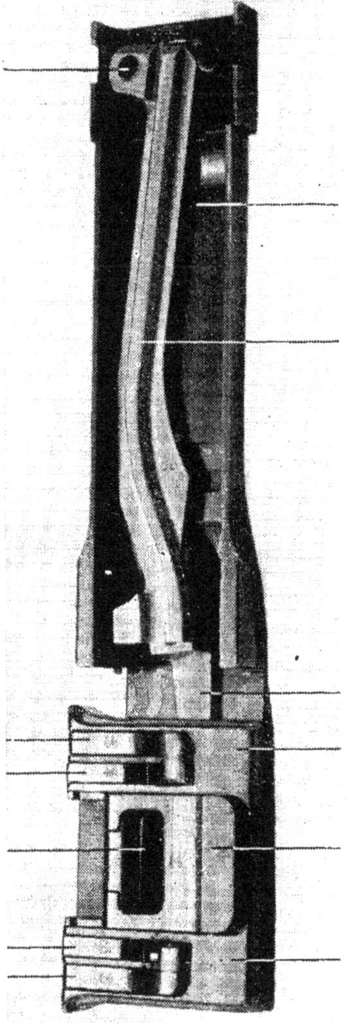

des Schlosses mit Hilfe des Gurtschieberhebels in eine Seitwärtsbewegung des Gurtschiebers um. Hierdurch wird die nächste Patrone im Gurt durch den Zubringer so in die Schloßbahn gebracht, daß sie vom Schloß in den Lauf (Patronenlager) gestoßen werden kann. **Vergleiche die Tätigkeiten und Aufgaben der Zubringerfeder und des Zubringers am Gewehr.** Die Gurthebel mit Federn verhindern ein Zurückgleiten des Gurtes aus dem Zuführer. Die Druckhebel drücken die Patrone gegen die Schloßbahn.

Der Deckel mit Trommelhalter dient zum Aufsetzen der Patronentrommel 34 beim Schießen aus derselben. Zum Aufsetzen der Patronentrommel ist der Deckel mit einem Durchbruch versehen, der bei nicht aufgesetzter Trommel durch zwei Klappen gegen das Eindringen von Schmutz in das M.G. verschlossen wird. Der Trommelhalter gibt der Patronentrommel einen festen Halt und verhindert ein selbständiges Lösen der Trommel vom M.G. Bei Verwendung des Deckels mit Trommelhalter fällt der Zuführerunterteil fort.

9) Der **Trageriemen** dient zum Umhängen des M.G. auf dem Marsche, als Handgriff zum Tragen beim sprungweisen Vorgehen im Gefecht und als Handhabe beim Schießen in der Bewegung.

10) Der **Bezug** für M.G. 34 umschließt das Gehäuse des M.G. und soll die Schloßteile vor dem Eindringen von Staub und Fremdkörpern schützen.

Der Bezug wird bei allen M.G. 34 verwendet, die auf dem Marsche usw. vom Schützen getragen werden.

11) Das **Platzpatronengerät** 34 bzw. 42 (Bild 6) besteht aus

Lauf mit Muffe,

Einsatzstück mit Verriegelungsstück.

Es wird zum Schießen mit Platzpatronen verwendet.

Der Lauf und das Einsatzstück sind aus einem M.G.-Lauf 34 bzw. 42 gefertigt. Das Pl.Patr.Ger. 34 kann auch aus einem M.G.-Lauf 08 bzw. 08/15 gefertigt werden. Das Verriegelungsstück entspricht dem des S-Laufs.

Das Einsatzstück bildet den hinteren Teil des Platzpatronengeräts. Es ist in der Muffe beweglich gelagert.

Die Muffe ist ein Hohlzylinder. Sie dient zur Verbindung des Laufs mit dem Einsatzstück.

Vor jedem Schießen mit scharfer Munition hat die Bedienung darauf zu achten, daß das Platzpatronengerät gegen einen scharfen Lauf ausgewechselt wird.

Bild 6. **Das Platzpatronengerät** 34.

a) Das Pl.-Patr.-Ger. 34 (vollständig).

b) Das Pl.-Patr.-Ger. 34 (zerlegt).

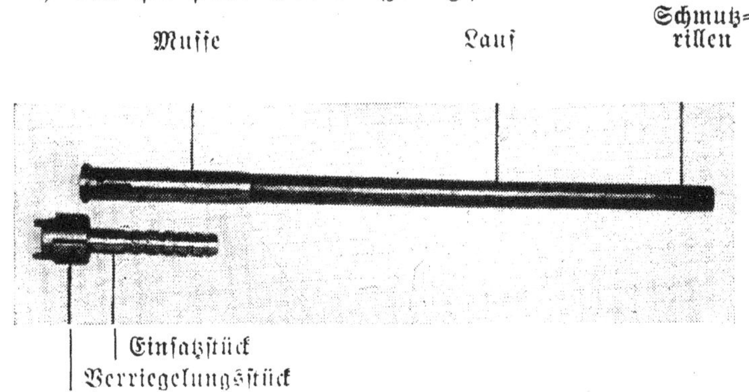

II. Vorgänge in der Waffe.

1. Beim Laden, bei der Schußabgabe und beim Entladen.

(Den entsprechenden Vorgängen beim Gewehr gegenübergestellt.)

Vorbemerkung: Ausgangspunkt der Vorgänge ist der ruhende Zustand der Waffe, d. h. Schloß in vorderster Stellung, Lauf nach hinten durch das Schloß verriegelt, Schloß entspannt (entladen).

a) Als Einzelfeuerwaffe:

Gewehr.	M.G. 34
(1) Durch das Anheben des Kammerstengels (nach links drehen) werden die Kammerwarzen aus den Nuten im Hülsenkopf gedreht und der Lauf nach hinten entriegelt.	Durch das Zurückziehen des Spannschiebers wird der Verschlußkopf ebenso wie die Kammer beim Gewehr gedreht und damit der Lauf entriegelt.
Gleichzeitig wird durch die Schrägflächen an der Kammer und an denen der Schlagbolzenmutter die Schlagbolzenmutter nach hinten gedrückt.	Gleichzeitig wird durch die Schrägflächen am Verschlußkopf und die Schrägflächen am Schloßgehäuse die Schlagbolzenmutter durch das Schloßgehäuse nach hinten gedrückt.

Diese nimmt den Schlagbolzen mit und spannt die Schlagbolzenfeder.

Gewehr.	M.G. 34.
(2) Das Schloß kann jetzt mit Hilfe des Kammerstengels vom Lauf entfernt und in seine hintere Stellung gezogen werden.	Das Schloß kann jetzt mit Hilfe des Spannschiebers vom Lauf entfernt und in die hinterste Stellung gezogen werden.
	Gleichzeitig wird die Schließfeder gespannt.
Die Rückwärtsbewegung wird durch den Anschlag der linken Kammerwarze am Schloßhalter begrenzt.	Die Rückwärtsbewegung des Schlosses wird durch die Schließfeder und das Bodenstück in Verbindung mit der Pufferfeder begrenzt.
(3) Eindrücken von 5 Patronen aus dem Ladestreifen in den Kasten mit Mehrladeeinrichtung.	Einziehen (Einlegen) des Patronenstahlgurtes in den Zuführer (Zuführerunterteil).

(Beim M.G. 34 entspricht der Patronengurt der Mehrladeeinrichtung des Gewehrs.)

Bei beiden Waffen befindet sich jetzt die erste Patrone in der Schloßbahn. (Beim Gewehr von unten, beim M.G. 34 von oben.)

(4) Durch das Vorschieben des Schlosses gegen den Lauf wird die oberste Patrone zwangsläufig nach vorn in das Patronenlager geschoben.	Durch das Zurückziehen des Abzugs wird der Abzugstollen nach unten gezogen, dadurch wird das **Schloß** freigegeben und von der Schließfeder nach vorn geworfen. Die in der Schloßbahn liegende Patrone wird zwangsläufig mit Hilfe des Ausstoßers in das Patronenlager geschoben.

Gewehr	M.G. 34
Der Schütze hat das Schloß durch eigene Kraft vorbringen müssen.	Das Vorbringen des Schlosses erfolgt durch die Schließfeder.
(5) Durch das Herumlegen des Kammerstengels nach rechts werden die Kammerwarzen in die Nuten im Hülsenkopf und unter der Hülsendecke eingedreht und der Lauf nach hinten verriegelt.	Kurz vor Beendigung der Vorwärtsbewegung wird der Verschlußkopf mit Hilfe der Ansätze mit Rollen durch die Kurven am Verriegelungsstück zur Drehung gezwungen. Dabei drehen sich die Verriegelungskämme am Verschlußkopf in die Verriegelungskämme des Verriegelungsstücks am Lauf ein und verriegeln den Lauf nach hinten.

a) Der Auszieher ist mit seiner Kralle in die Auszieherrille der Patrone eingetreten.

Gewehr	M.G. 34
b) Der Zubringer mit Zubringerfeder drückt die nächste Patrone von unten gegen das Schloß.	Sobald die Patrone aus dem Gurt gestoßen ist, bringt der Zubringer mit Hilfe des Transporthebels und des Gurtschieberhebels eine neue Patrone über das Schloß.

c) Bei beiden Waffen befindet sich jetzt eine Patrone im Patronenlager. Der Lauf ist nach hinten durch das Schloß verriegelt. Der Zustand ist bei beiden Waffen der gleiche.

Gewehr	M.G. 34
(6) Der Schütze greift mit dem Finger an den Abzug.	Das Schloßgehäuse ist mit seiner schrägen Fläche (Rampe) hinter den Stützhebel getreten.

Gewehr.	M.G. 34
(7) Der Schütze zieht zur Abgabe des Schusses den Abzughebel zurück, der Abzugstollen wird nach unten gezogen und der Schlagbolzen freigegeben.	Das Schloßgehäuse schiebt sich mit seiner schrägen Fläche (Rampe) zwischen Stützhebel und Verschlußkopf, drückt diesen nach unten. Der Ansatz am Stützhebel gibt jetzt den Schlagbolzen frei wie der Abzugstollen am Gewehr.

Bei beiden Waffen sind die Schlagbolzen jetzt frei und werden von den Schlagbolzenfedern nach vorn gegen das Zündhütchen der Patrone geschlagen.

Gewehr.	M.G. 34
(8) Das Entriegeln des Laufs durch die Kammer und das Spannen der Schlagbolzenfeder geschieht in derselben Weise, wie unter vorstehender Ziffer (1) angegeben.	Das Entriegeln des Laufs durch das Schloß (Verriegelungskämme) und das Spannen der Schlagbolzenfeder geschieht, wie in Ziffer (1) angegeben, jedoch erfolgt die Entriegelung nicht durch den Schützen (Zurückziehen) des Spannschiebers), sondern durch die Rückstoßkraft. Der Spannschieber bleibt dabei vorn.
(9) Beim Zurückziehen der Kammer nach vorstehender Ziffer (2)	Beim Zurückwerfen des Schlosses durch den Rück-

stoß wird die nach Ziffer 5a vom Auszieher erfaßte Hülse aus dem Lauf herausgezogen und bei Ankunft des Schlosses in der hintersten Stellung durch den Auswerfer (Auswerferanschlag) nach rechts bzw. unten ausgeworfen.

Bei beiden Waffen liegt jetzt die nächste Patrone wieder in der Schloßbahn, beim Gewehr von unten, beim M.G. 34 von oben.

Die Vorgänge wiederholen sich bei beiden Waffen, solange eine Patrone aus der Mehrladeeinrichtung bzw. aus dem Gurt in die Schloßbahn gebracht wird.

(10) Durch diese Gegenüberstellung sind beim M.G. 34 nur die Vorgänge als Einzelfeuerwaffe berücksichtigt. Die Vorgänge beim M.G. 34 sind nicht nur sinngemäß die gleichen wie beim Gewehr, sondern auch in ihrer Reihenfolge und in der Ausführung. Nur die Kraftquellen beim Laden, bei der Schußabgabe und beim Entladen sind verschieden.

b) Als Maschinenwaffe:

(11) Beim Gewehr führt der Schütze sämtliche Arbeiten, die zum Laden, zur Schußabgabe und zum Entladen erforderlich sind, selbst aus.

Beim M.G. 34 wird der Rückstoß in Verbindung mit der Federkraft zur Ausführung dieser Arbeiten gezwungen.

(12) Beim Gewehr steht der Lauf fest. Der Rückstoß wird nicht zur Arbeit gezwungen, sondern muß von der Schulter des Schützen aufgefangen werden.

Beim M.G. 34 ist der Lauf beweglich gelagert. Dadurch kann der Rückstoß zum Entriegeln des Laufs, zum Zurückwerfen des Schlosses und Spannen der Schlagbolzenfeder sowie zum Ausziehen und Auswerfen der Patronenhülse ausgenutzt werden.

(13) Gleichzeitig schafft sich der Rückstoß durch das Spannen der Schließfeder eine Hilfskraft.

Die Schließfeder wirft das Schloß nach vorn. Dieses bringt mit Hilfe des Ausstoßers eine Patrone in das Patronenlager und verriegelt den Lauf nach hinten.

Kurz nach der Verriegelung schiebt die Schließfeder das Schloßgehäuse weiter nach vorn. Dieses drückt mit Hilfe der Schrägfläche den Stützhebel nach unten, der den Schlagbolzen freigibt.

(14) Im letzten Drittel der Vorwärtsbewegung des Schlosses wird der Transporthebel durch die Ansätze am Schloßgehäuse nach links gedrückt. Er drückt dabei den Gurtschieber mit Zubringer so weit nach rechts, daß die nächste Patrone über die Schloßbahn zu liegen kommt.

(15) Damit die Sicherheit beim Schießen gewährleistet ist, muß der Lauf

a) so lange durch das Schloß verriegelt bleiben, bis das Geschoß den Lauf verlassen hat, und

b) wieder in seine alte Lage gebracht worden sein, bevor das Schloß mit einer neuen Patrone von hinten kommt.

Dieses bewirken

zu a) die Verschlußsperre und

zu b) die Vorholstange mit der Feder.

Zu a) Die Verschlußsperre, die an der rechten Seite des Verbindungsstückes angebracht ist, verhindert ein Zurückprallen des Verschlußkopfes bei der Verriegelung und verzögert ein vorzeitiges Entriegeln des Laufs. Zu diesem Zweck legt sie sich unmittelbar nach der Verriegelung über einen Ansatz mit Rollen am Verschlußkopf. Gleitet der Lauf mit dem Schloß zurück, so schiebt sich die Rolle am Verschlußkopf unter dem stehenbleibenden Ansatz an der Verschlußsperre heraus. Der Verschlußkopf wird zur Drehung frei.

Zu b) Die Vorholstange mit Feder lagert vorn links im Gehäuse. Durch das Zurückgehen des Laufs wird die Feder zur Vorholstange zusammengedrückt. Nach der Entriegelung drückt die Feder die Vorholstange und diese den Lauf wieder nach vorn in seine alte Lage. Dieses muß ausgeführt sein, bevor das Schloß mit einer

3*

neuen Patrone von hinten kommt. Gleichzeitig mildert die Vorholstange mit Feder den Stoß des Laufes gegen das Gehäuse.

2. Beim Spannen des Schlosses.

Durch die Schrägflächen am Verschlußkopf und am Schloßgehäuse wird letzteres beim Drehen des Verschlußkopfes zurückgedrückt. Das Schloßgehäuse nimmt hierbei die Schlagbolzenmutter und mit dieser den Schlagbolzen zurück.

Die Schlagbolzenfeder stützt sich gegen das Federlager im Verschlußkopf. Das Federlager macht diese Rückwärtsbewegung nicht mit, so daß die Schlagbolzenfeder zwischen dem Federlager und dem Bund des Schlagbolzens zusammengedrückt (gespannt) wird. Der Schlagbolzen wird jetzt durch das Gehäuse mit Hilfe der Schlagbolzenmutter zurückgehalten, obwohl der Stützhebel bereits vor den Bund des Schlagbolzens getreten ist. Zwischen dem Bund des Schlagbolzens und der Nase am Stützhebel ist noch ein geringer Zwischenraum. In diesem Zustand erfolgt die Vorwärtsbewegung des Schlosses. Unmittelbar nach Beginn der Drehung des Verschlußkopfes (Verriegelung) geht das Zurückhalten des Schlagbolzens von der Schlagbolzenmutter auf den Stützhebel über. Durch diese Anordnung ist erreicht, daß der Schlagbolzen erst frei wird, wenn die Verriegelung des Laufs nach hinten durch den Verschlußkopf bereits begonnen hat. Es ist nicht möglich, daß beim Versagen des Stützhebels das Schloß mit nach vorn geschlagener Schlagbolzenspitze die Patrone aus dem Patronengurt ausstoßen und in den Lauf (Patronenlager) schieben kann.

3. Beim Sichern und Entsichern.

Zum Sichern der Waffe wird der Sicherungsflügel so weit nach hinten geschwenkt, bis das „F“ verdeckt und nur das „S" sichtbar ist. Dabei legt sich die Achse der Sicherung über den vorderen Arm des Abzughebels und sperrt denselben. Der Abzugstollen kann jetzt nicht nach unten aus der Kammerbahn gezogen werden, so daß die Nase am Schloßgehäuse nicht über ihn hinweggleiten kann.

Die Sicherung wirkt also nur auf das Vorgehen des Schlosses, **nicht** aber auf die Freigabe des Schlagbolzens, wie dies beim Gewehr der Fall ist. **Das Herumschwenken des Sicherungsflügels nach hinten zum Sichern hat nur Zweck, wenn sich das Schloß in der hintersten Stellung befindet.**

Bei Schloß in vorderster Stellung ist ein Herumlegen des Sicherungsflügels zum Sichern nicht nur vollständig wirkungslos, sondern führt zu Störungen, deren Beseitigung sehr zeitraubend ist.

Zum Entsichern wird der Sicherungsflügel so weit nach vorn geschwenkt, bis das „F" sichtbar und das „S" verdeckt ist.

Darum merke:

„Schloß vorn, — Sicherungshebel **vorn."**
Sicherungshebel darf nur nach **hinten** umgelegt werden, wenn sich das Schloß **hinten** befindet.

III. Auseinandernehmen und Zusammensetzen des M.G. 34.

(Bild 7—11.)

Das M.G muß entladen (Schloß in vorderster Stellung) und entspannt sein.

1) Deckel öffnen und abnehmen.

Der Schütze umfaßt mit einer Hand (Daumen von oben, vier Finger von unten) den Kolben; mit der anderen Hand erfaßt er mit Daumen und Zeigefinger den Deckelriegel, drückt ihn nach vorn, schwenkt den Deckel hoch und stellt ihn senkrecht. Dann drückt er den Bolzen für den Deckel mit Zuführer nach links und hebt den Deckel nach oben ab.

Das Abnehmen des Deckels mit Trommelhalter erfolgt in der gleichen Weise.

Zuführeroberteil vom Deckel abnehmen.

Die eine Hand erfaßt den Deckel, die andere Hand streift den Zuführer nach vorn vom Deckel ab und entfernt den Transporthebel und den Gurtschieberhebel aus dem Deckel.

Der Gurtschieber mit Zubringehebel kann aus dem Zuführer nach rechts herausgezogen werden.

Das Zusammensetzen erfolgt in umgekehrter Reihenfolge. Es ist aber darauf zu achten, daß der vordere Arm des Gurtschieberhebels in die Nute des Gurtschiebers eingreift.

Zuführerunterteil abheben.

Die rechte Hand hebt den hinteren Teil des Zuführerunterteils schräg nach oben an und zieht den Zuführerunterteil vom Sperrbolzen ab.

2) Kolben mit Bodenstück abnehmen.

Eine Hand umfaßt das Gehäuse (vier Finger von unten, Daumen von oben) und drückt mit dem Zeigefinger den vorderen Teil der Bodenstücksperre gegen das Gehäuse.

Die andere Hand dreht den Kolben um eine Vierteldrehung nach links, nimmt ihn, dem Druck der Schließfeder langsam nachgebend, ab und entfernt die Schließfeder.

Bodenstück entfernen.

Die rechte Hand umfaßt den Kolben und die linke Hand das Bodenstück.

Die rechte Hand drückt mit dem Zeigefinger den hinteren Teil der Sperre mit Feder gegen den Kolben und

Bild 7. Auffangen des Schlosses.

dreht den Kolben (bzw. die linke Hand das Bodenstück) ab.

3) Schloß herausnehmen. (Bild 7).

Die linke Hand umfaßt das Gehäuse am hinteren Teil, so daß die hohle Hand den Abschluß des Gehäuses bildet.

Die rechte Hand zieht mit dem Griff des Spannschiebers das Schloß mit einem Ruck nach hinten. Die linke Hand fängt das Schloß in der hohlen Hand auf und zieht es heraus.

4) Lauf herausnehmen. (Bild 8.)

Die rechte Hand umfaßt das Griffstück.

Die linke Hand erfaßt den Mantel unterhalb des Stangenvisiers und drückt mit dem Daumen den vorderen Teil der Gehäusesperre so weit als möglich gegen den Mantel.

Die rechte Hand schwenkt das Gehäuse, Mündung etwas angehoben, nach links unten, bis der Lauf frei zurückgleitet.

Die linke Hand erfaßt den Lauf und nimmt ihn aus dem Mantel.

5) Schloß auseinandernehmen.

a) Schlagbolzenmutter abschrauben. (Bild 9.)

Die linke Hand erfaßt das gespannte Schloß (Schloßgehäuse locker) am Verschlußkopf.

Die rechte Hand zieht mit Daumen und Zeigefinger die gerauhten Teile an der Schlagbolzenmutter zurück, schraubt gleichzeitig die Schlagbolzenmutter nach links ab, löst durch Vorschieben des Gehäuses den Stützhebel aus und entfernt das Gehäuse vom Verschlußkopf.

Bei den Schlagbolzenmuttern neuer Art ist zum Abschrauben der Schlagbolzenmutter das Sperrstück durch Vorwärts-seitwärts-Drücken waagerecht zu stellen.

Bild 8. Ausschwenken des Gehäuses.

Bild 9. Abschrauben der Schlagbolzenmutter.

Bild 10. **Herausnehmen des Federlagers.**

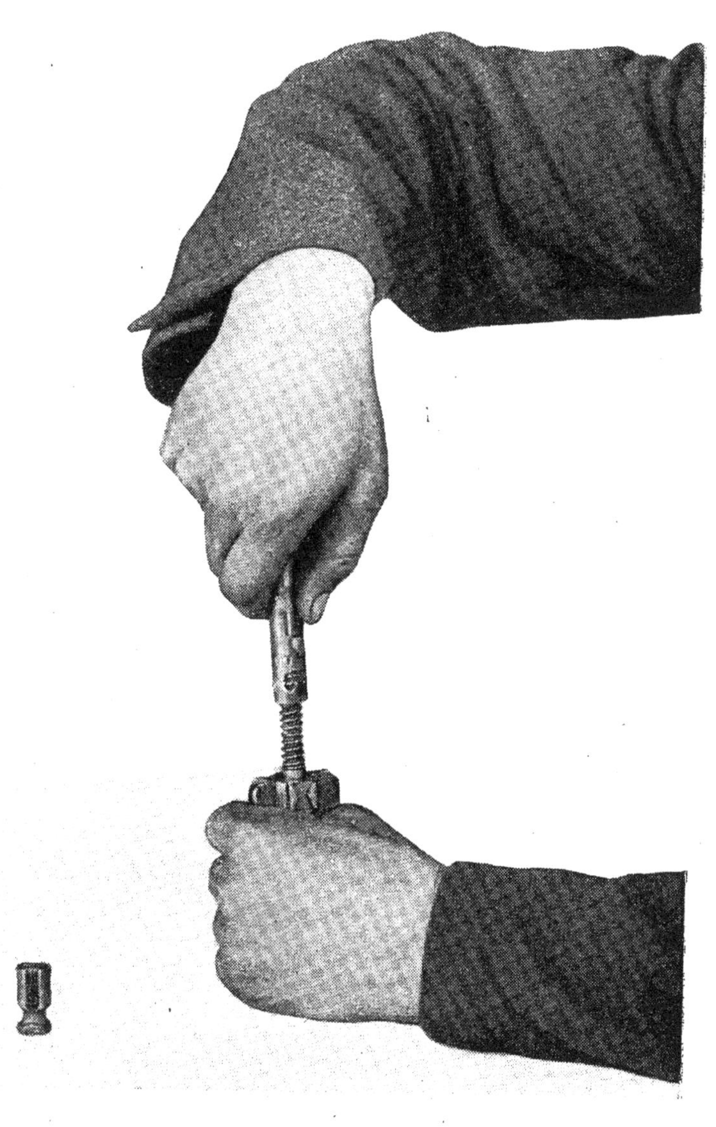

b) *Federlager* herausnehmen. (Bild 10.)

Die linke Hand setzt das Schloßgehäuse, mit Vorderteil nach unten, auf eine Unterlage.

Die rechte Hand führt den Verschlußkopf (mit dem Gewindeteil des Schlagbolzens) so in das Schloßgehäuse (Lagerung für die Schlagbolzenmutter) ein, daß die Abflachung am Federlager in die entsprechende Öffnung des Schloßgehäuses paßt. Dann drückt sie den Verschlußkopf mit dem Handballen scharf nach unten, dreht ihn nach rechts, bis die Zapfen aus den Rasten getreten sind, hebt den Verschlußkopf (dem Druck der Schlagbolzenfeder nachgebend) nach oben ab und nimmt den Schlagbolzen mit der Schlagbolzenfeder heraus.

Ein weiteres Auseinandernehmen des Schlosses durch die Bedienung ist verboten.

6) **Schloß zusammensetzen.** (Bild 11.)

Die linke Hand setzt das Schloßgehäuse, mit Vorderteil nach unten, auf eine Unterlage.

Die rechte Hand legt das Federlager (abgeflachten Teil nach unten) in die entsprechende Öffnung des Schloßgehäuses, setzt den Schlagbolzen mit Schlagbolzenfeder unter Anheben des Stützhebels in den Verschlußkopf ein und steckt den unteren Teil (Gewindeteil) des Schlagbolzens in die Durchbohrung des Federlagers. Die rechte Hand drückt mit dem Handballen den Verschlußkopf scharf nach unten und dreht ihn so weit nach links herum, bis die Zapfen am Federlager in die Rasten am langen Teil des Verschlußkopfes getreten sind. Dann wird er (Ausstoßer nach oben) in das Schloßgehäuse eingesetzt und die Schlagbolzenmutter auf den Gewindeteil des Schlagbolzens aufgeschraubt, bis sie *hörbar* einrastet.

Bild 11. **Zusammensetzen des Schlosses.**

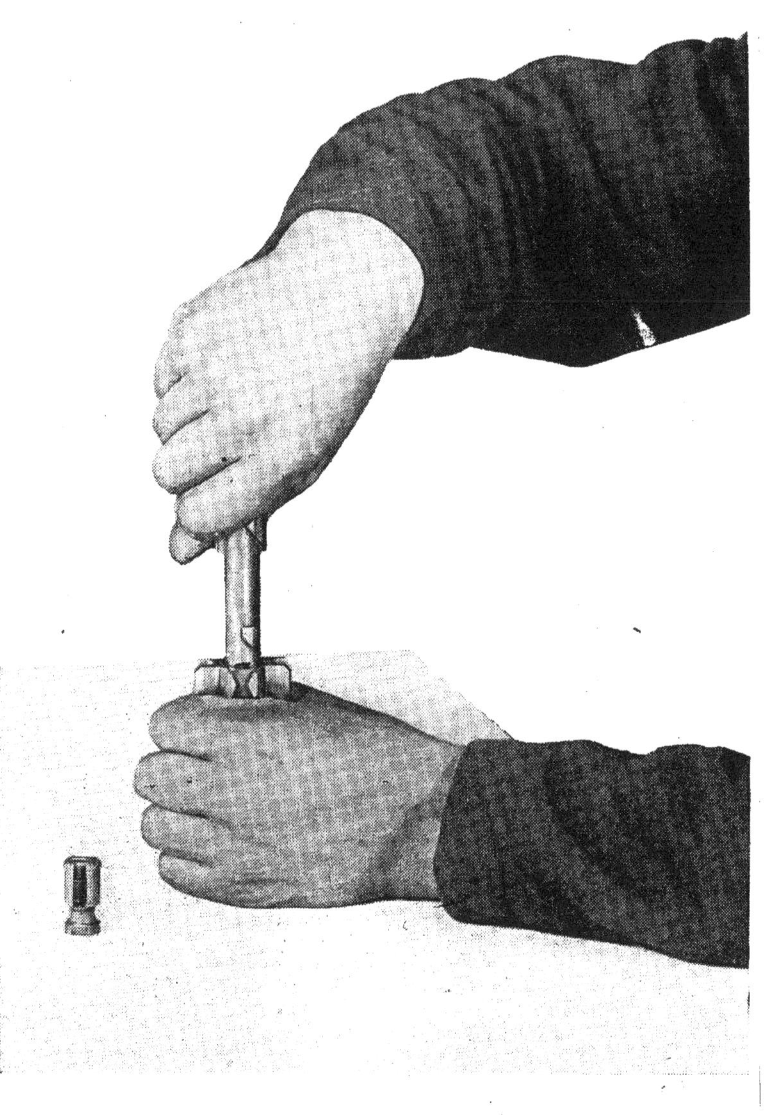

Bei den Schlagbolzenmuttern neuer Art erfolgt das Aufschrauben mit waagerecht gestelltem Sperrstück. Sobald es an das hintere Ende des Schlagbolzens anstößt, ist es durch Hochdrücken waagerecht zu stellen. Das Sperrstück muß mit dem vorderen Teil neben dem abgeflachten Teil des Schlagbolzens liegen.

7) Schloß spannen.

Die linke Hand erfaßt den Verschlußkopf.

Die rechte Hand dreht das Schloßgehäuse so weit nach rechts, bis die Zapfen mit Rollen am Verschlußkopf mit den Führungsleisten am Schloßgehäuse in einer Richtung stehen.

8) Rückstoßverstärker abschrauben.

Die rechte Hand erfaßt den vorderen Teil des Mantels so, daß sie mit dem Daumen die Sperre vor dem Korn erfassen kann, und hebt die Sperre an.

Die linke Hand dreht den vorderen Teil (Feuerdämpfer) ab und entfernt daraus die Düse. Erforderlichenfalls kann ein Schraubenschlüssel verwendet werden. In gleicher Weise wird die Rückstoßhülse ausgeschraubt.

9) Das **Zusammensetzen** des M.G. erfolgt in umgekehrter Reihenfolge.

Es empfiehlt sich zum Einführen des Schlosses, das Gehäuse etwas anzuheben. Am Schloß muß der Auswerfer ganz nach vorn geschoben werden.

Beim Zusammensetzen des M.G. ist darauf zu achten, daß alle Sperrhebel richtig in die entsprechenden Ausschnitte einrasten.

Bild 12. **Das Zweibein** (links in höchster, rechts in niedrigster Anschlagstellung).

Zur Verwendung beim M.G. 42 tritt an die Stelle der M.G.-Auflage das Lager 42.

An Stelle der Ösen zum Anklappen an den Mantel treten die Winkel an den Schenkeln.

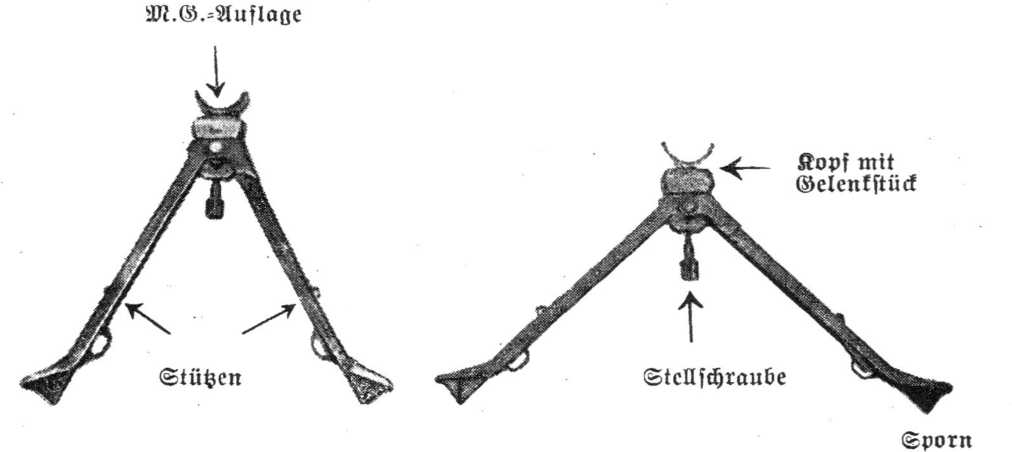

Bild 13. **Das Dreibein 34.**

Beim M.G. 42 tritt an die Stelle des Lagers 34 das Lager 42.

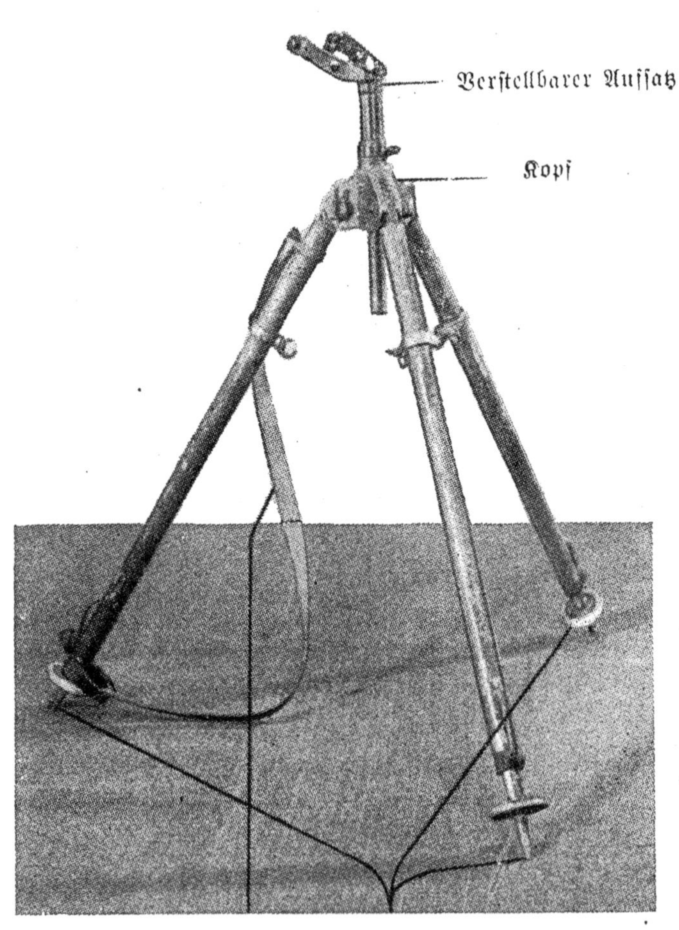

B. Die Schießgestelle.

I. Zur Verwendung als le.M.G.

1) Das Zweibein (Bild 12).

Das Zweibein dient beim Schießen als Vorder- oder Mittelunterstützung. Die Stützen sind verstellbar, so daß geringe Änderungen in der Anschlaghöhe vorgenommen werden können. Beim Tragen des M.G. und auf dem Transport kann das Zweibein an den Mantel angeklappt werden.

2) **Das Dreibein 34** (Bild 13) **und das Dreibein** 40.

Die Dreibeine dienen dem M.G. 34 oder 42 als Auflage bei der Bekämpfung von Erdzielen, wenn die Anschlaghöhe des Zweibeins nicht mehr ausreicht und zum Schießen gegen Flugziele. Im Erdzielbeschuß können sie als Vorder- oder Mittelunterstützung verwendet werden. Im Flugzielbeschuß werden sie nur als Mittelunterstützung verwendet. Das Dreibein 40 ist aus Stahl gefertigt und etwas kleiner als das Dreibein 34. Sonst sind die beiden Arten gleich. Die Beine sind ausschwenk- und ausziehbar, so daß es vom liegenden bis zum stehenden Anschlag verwendet werden kann. Geringe Änderungen in der Anschlaghöhe können durch den verstellbaren Aufsatz, größere müssen durch Verstellen bzw. Ausschwenken der Beine vorgenommen werden. Der Trageriemen dient zum Umhängen des Dreibeins beim Tragen durch den Schützen.

II. Zur Verwendung als s.M.G.

Die M.G.-Lafette mit Lafettenaufsatzstück (Bild 14 u. 15)

Zur Verwendung des M.G. 34 als s.M.G. dient als Schießgestell die M.G.-Lafette 34 und für das M.G. 42 die M.G.-Lafette 42. Sie ermöglicht die Abgabe eines längeren Dauerfeuers und das gefahrlose Überschießen eigener Truppen und von Geländebedeckungen sowie das

Bild 14. Die M.G.-Lafette 34 (von links).

Zur Verwendung der Lafette beim M.G. 42 tritt an die Stelle des Schellenverschlusses der Halteriegel mit Hebel.

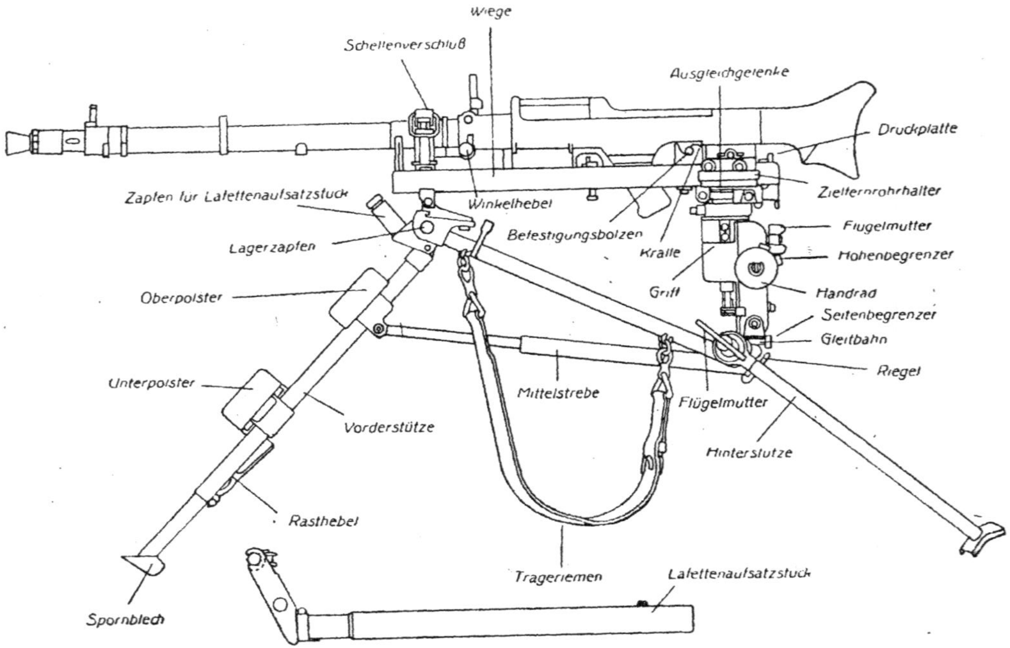

Beim Lafetten-Aufsatzstück ist das Lager 34 zur Verwendung beim M.G. 42 gegen das Lager 42 auszutauschen.

Bild 15. Die M.G.-Lafette 34 (von rechts).

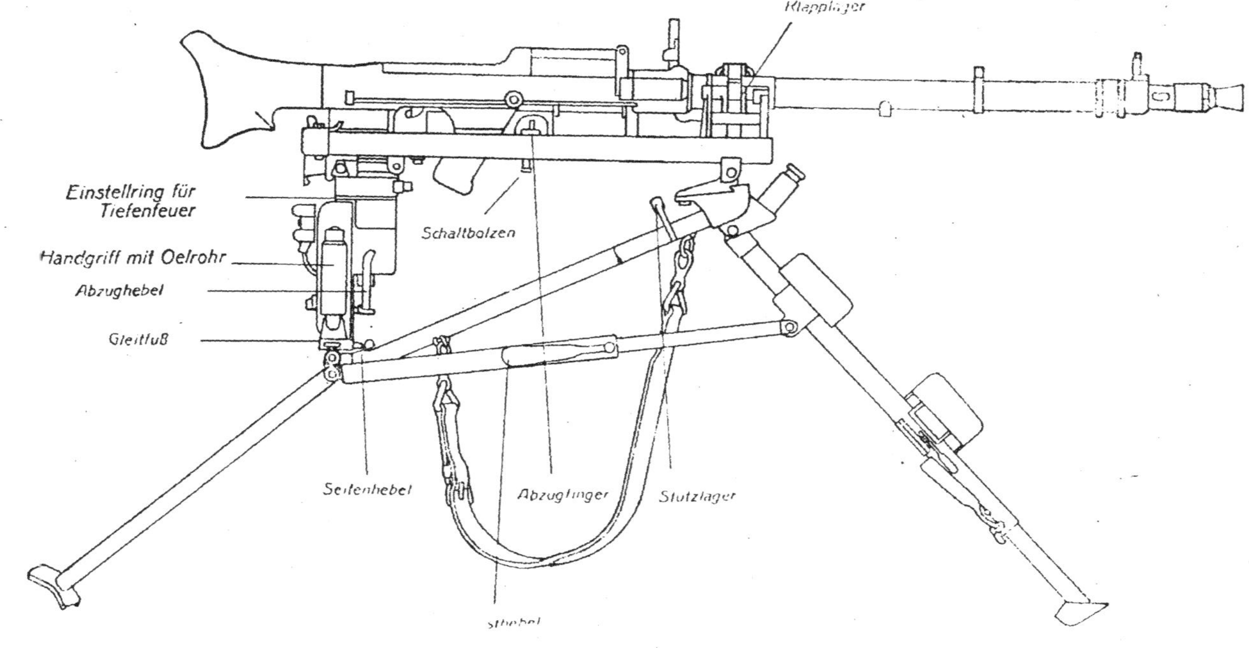

Bei der M.G.-Laf. 42 ist der Abzugsfinger nur für Einzelfeuer eingerichtet.

4*

Schießen durch Lücken und Vorbeischießen an eigenen Truppen.

Teile der Lafette:

Oberlafette (Wiege) mit Gewehrträger,
Richtvorrichtung mit selbsttätiger Tiefenfeuereinrichtung,
Unterlafette und
Lafettenaufsatzstück.

Die **Oberlafette mit Gewehrträger** dient zur Lagerung und Führung des M.G. beim Schießen. Die in der Oberlafette lagernde **Federeinrichtung** fängt den Rückstoß, der sich auf das ganze M.G. auswirkt, auf. An der Oberlafette ist der **Halter** für die M.G.-Zieleinrichtung angebracht. Im **Gewehrträger** lagert das M.G. hinten in den **Krallen**, die über die Bolzen am Gehäuse des M.G. greifen, und vorn im **Klapplager** mit **Schellenverschluß**. Der **Winkelhebel** am Klapplager dient zum Laufwechsel. Am Gewehrträger ist der Hülsenabweiser angebracht.

Die Richtvorrichtung dient zum Einrichten des M.G. beim direkten und indirekten Richten. Mit dem **Handrad** wird dem M.G. die Höhenrichtung, durch Verschieben der Richtvorrichtung auf der Gleitbahn die Seitenrichtung gegeben. Durch die **Flügelschraube** kann die Höhenrichtung, durch den **Seitenhebel** die Seitenrichtung festgeklemmt werden. Am vorderen Teil der Richtvorrichtung befindet sich die selbsttätige **Tiefenfeuereinrichtung** und der **Abzughebel**, der durch Gelenke mit dem Abzugfinger am Gewehrträger verbunden ist. Beim Versagen der selbsttätigen Tiefenfeuereinrichtung kann das **Handrad mit Höhenbegrenzer** auch zur Abgabe von Tiefenfeuer verwendet werden. Auf dem **Richtgehäuse** befindet sich die **Überschießtafel**. Die aufgeschlagenen Zahlen geben das zu stellende Sicherheitsvisier an, wenn eigene Truppen oder Deckungen im direkten oder indirekten Richten überschossen werden sollen. Die selbsttätige Tiefenfeuereinrichtung dient zur Abgabe von Tiefenfeuer. Sie wird durch das Zurückgehen des M.G. im Gewehrträger während des Schießens betätigt, indem ein Anschlag am Gewehrträger beim Rücklauf desselben an einen Ansatz mit Rolle der Tiefenfeuereinrichtung anstößt. Die Entfernung vom Anschlag am Gewehrträger bis zum Ansatz der Tiefenfeuereinrichtung darf nicht über 7 mm betragen. Mit Hilfe des Einstellringes, der mit Marken versehen ist, kann das Tiefenfeuer beliebig vergrößert oder verringert werden.

Die Unterlafette mit schwenkbaren Hinterstützen sowie ausziehbarer und schwenkbarer Vorderstütze und Mittelstrebe dient zum Einnehmen der verschiedenen Anschlaghöhen (liegend, sitzend, kniend). Die Hinterstützen werden durch Flügelmuttern, die Vorderstütze und die Mittelstrebe durch Rasthebel mit Federn in ihrer jeweiligen Lage festgehalten. Auf dem hinteren Teil des Rahmens der Unterlafette befindet sich zum Seitwärtsführen des M.G. eine Gleitbahn, die zum Einstellen der Seitenbegrenzer mit Marken (1 Marke = 10 Teilstriche) versehen ist. Vorn am Rahmen befinden sich zwei Lagerzapfen zum Befestigen der Lafette auf dem Fahrzeug und ein Zapfen zum Aufsetzen des Lafettenaufsatzstückes sowie rechts und links je ein Stützlager als Auflage für die umgeklappten Hinterstützen. Am linken Rahmenrohr ist der Schloßbehälter angebracht, in dem ein zweites Schloß (aus dem Erg.-Kast.) an der Lafette mitgeführt werden kann. Die Tragericmen dienen zum Tragen der Lafette auf dem Rücken. Das Lafettenaufsatzstück dient als Zusatzgerät bei der Fliegerabwehr. Es wird auf dem Zapfen am Rahmen der Lafette aufgesetzt.

Der Zwillingssockel 36.

Bild 16. Von rechts ohne eingelegte M.G. 34.

Der Zwillingssockel 42 entspricht dem Zwillingssockel 36 mit Ausnahme der vorderen Befestigung der M.G. An Stelle der Klapplager treten Halteriegel mit Hebel.

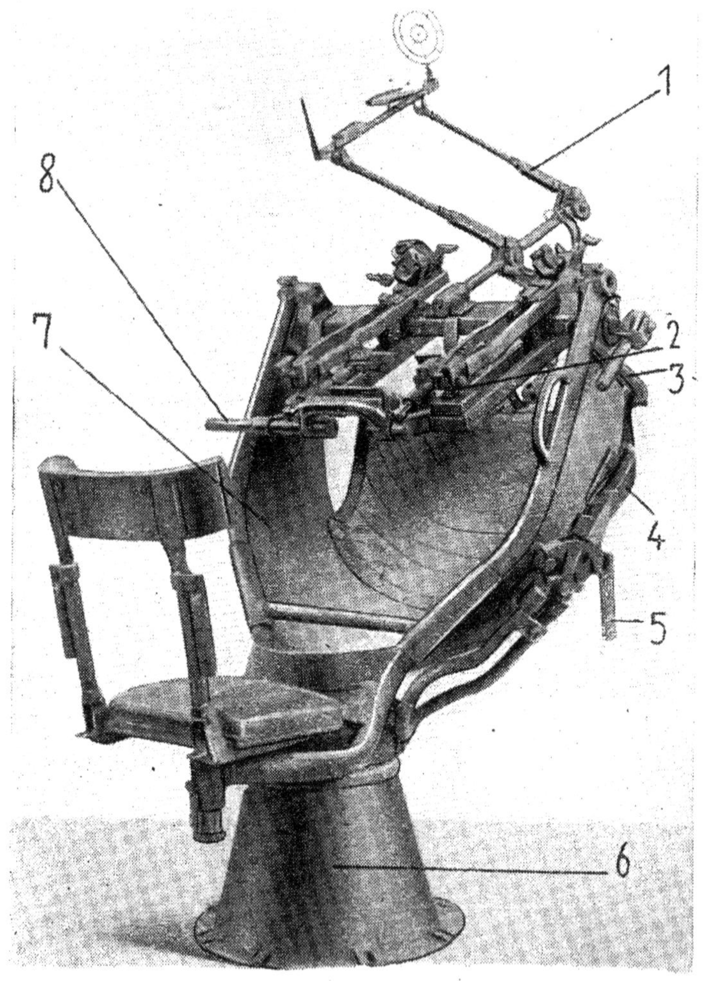

1. Fliegervisiereinrichtung. 2. M.G.=Lagerung. 3. Zurrhebel für die M.G.=Lagerung nach der Höhe. 4. Zurrung für den Obersockel nach der Seite. 5. Rechter Handgriff. 6. Untersockel. 7. Obersockel. 8. Griff für die linke Hand beim Schießen.

Der Zwillingssockel 36.

Bild 17. Von links mit eingelegten M.G. 34.

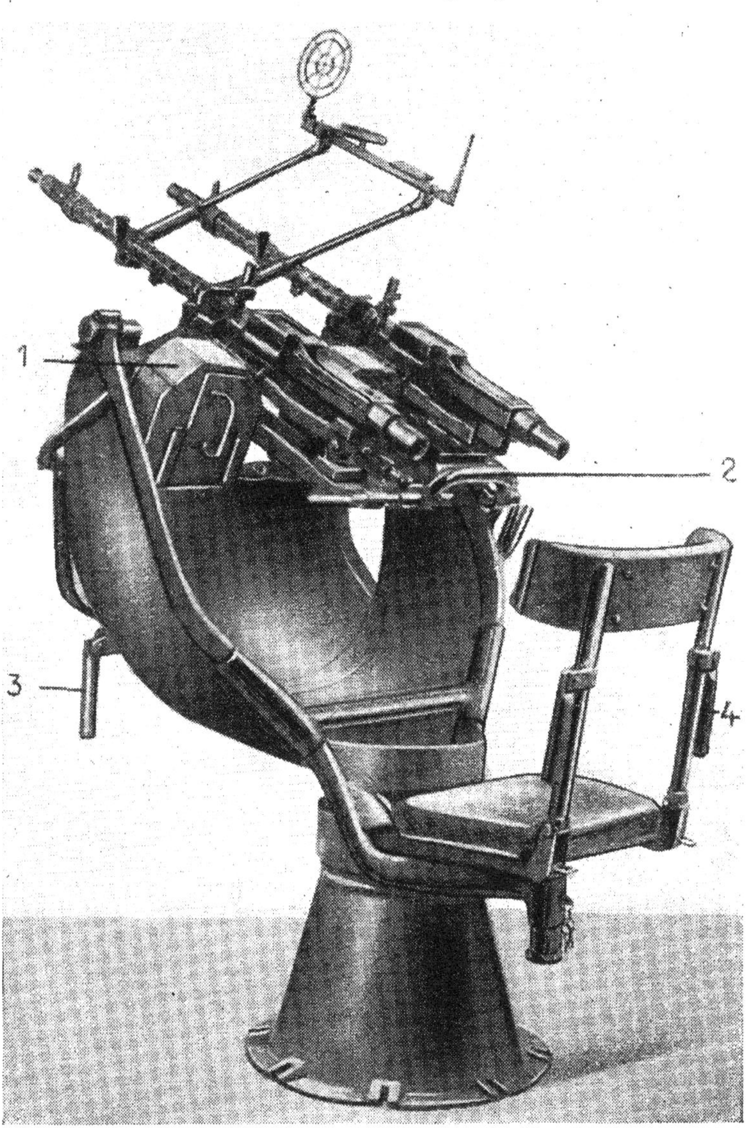

1. Patronenkasten 36. 2. Abzugsgriff. 3. Linker Handgriff am Obersockel. 4. Handgriffe am Sitz.

III. Zur Fliegerabwehr.

1) Der Zwillingssockel 36 und 42 (Bild 16 u. 17).

Der Zwillingssockel 36 bzw. 42 dient als Schießgestell für zwei M.G. 34 bzw. 42 zur Fliegerabwehr. Er kann im pferdebespannten M.G.-Wagen 36 oder in einem mit entsprechendem Aufbau versehenen Personenkraftwagen verwendet werden, auch ist Verwendung auf Lastkraftwagen und offenen Eisenbahnwagen möglich.

Der Vorteil des Zwillingssockels 36 und 42 liegt darin, daß aus ihm mit dem M.G. 34 und 42 nicht nur in ortsfester Lage bzw. vom haltenden Fahrzeug, sondern auch in der Bewegung von pferdebespanntem Fahrzeug, Kraftwagen und Eisenbahnwagen gegen Flugziele geschossen werden kann.

Der Zwillingssockel 36 und 42 wird auf dem M.G.-Wagen 36 (Jf. 5) und Pkw. mit Flügelschrauben befestigt. Auf Eisenbahnwagen kann er mit Hilfe einer Bodenplatte mit entsprechenden Holzschrauben festgemacht werden.

Die Bedienung der 2 M.G. und des Zwillingssockels erfolgt durch einen Mann. Teile des Zwillingssockels:

1. Obersockel,
2. M.G.-Lagerung mit Kastenhalter und Abzug,
3. Untersockel mit Grundplatte und Sitz,
4. Fliegervisiereinrichtung.

Der Obersockel ist im Untersockel rundum drehbar gelagert. An ihm befinden sich die M.G.-Lagerung mit Abzug, die Kastenhalter, die Zurrungen für die Höhen- und Seitenrichtung sowie der Sitz und die Handgriffe.

Die M.G.-Lagerung dient zur Aufnahme von zwei M.G. In die Kastenhalter werden die Patronenkasten 36, beim Zw.Sock. 42 zum Teil auch der Patr.Kasten 39 eingesetzt. Mit der Abzugsvorrich-

tung wird der Abzug am M.G. betätigt. Die Bewegungen des Obersockels nach der Seite und der M.G.-Lagerung nach der Höhe können durch die entsprechenden Zurrungen festgeklemmt werden.

Die Zurrung für die Höhenrichtung ermöglicht 3 Stellungen:

a) M.G. festgelegt (Fahrstellung)
b) M.G. beweglich von 20° bis 90°
c) M.G. beweglich von —10° bis + 90°.

Der *Untersockel* mit Grundplatte und Sitz dient zur Lagerung und Führung des Obersockels sowie zum Aufstellen und Befestigen des Zwillingssockels auf dem M.G.-Wagen 36 oder Personenkraftwagen usw. Der *Sitz* ist der Höhe nach verstellbar und hat eine abgefederte Rückenlehne. Er gibt dem Schützen beim Schießen einen *festen* Halt und ermöglicht ihm ein ruhiges Zielen. Die *Handgriffe* dienen zum Transportieren des Zwillingssockels durch die Schützen und zum Einsetzen desselben in das entsprechende Fahrzeug. Die *Fliegervisiereinrichtung* dient zum Anzielen von Flugzielen und besteht aus *Visiergestänge*, *Kreiskorn* und *Fliegervisier*. Das Visiergestänge, das an der M.G.-Lagerung und am Obersockel angebracht ist, verschiebt das Visier (Fliegervisier und Kreiskorn) bei Erhöhungsänderung des M.G. gleichlaufend zur Seelenachse. Das Kreiskorn und das Fliegervisier sind umklappbar.

2) Die Fliegerdrehstütze (Bild 18).

Die *Fliegerdrehstütze* dient als Schießgestell für ein M.G. zur Fliegerabwehr vom Pkw. und Lkw. Sie ist verstellbar zum Ausgleich der Anschlaghöhe für den Schützen. Zur Lagerung des M.G. 34 in der Fliegerdrehstütze wird der Aufsatz des Dreibeins 34 mit Lager 34, für M.G. 42 mit Lager 42 verwendet.

Das Dreibein 34 und 40 sowie die M.G.-Lafette 34 bzw. 42 mit Aufsatzstück und der M.G.-Sockel 41 u. 42 können ebenfalls als Schießgestelle für M.G. 34 bzw. MG. 42 zur Fliegerabwehr verwendet werden.

Bild 18. Die Fliegerdrehstütze.

Für das M.G. 34 kann an Stelle der Fliegerdrehstütze der M.G.-Sockel 41 verwendet werden.

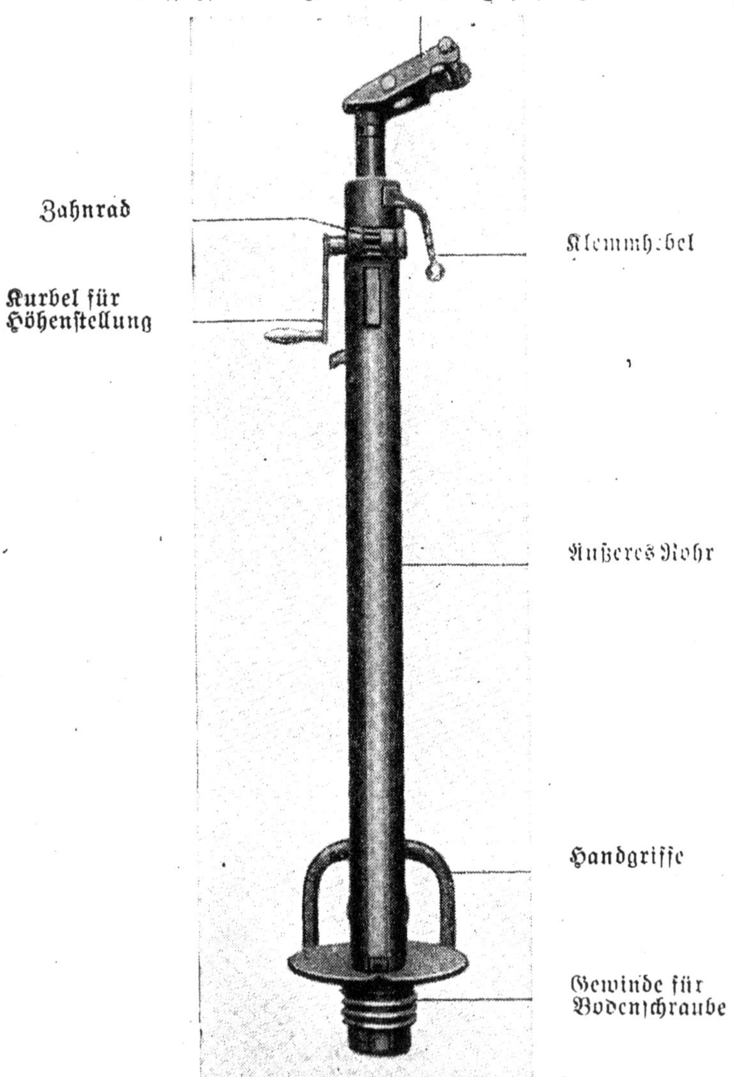

Zur Verwendung des M.G. 42 tritt an die Stelle des Lagers 34 das Lager 42.

C. Die M.G.-Zieleinrichtung.

mit Vorsatzfernrohr.

(Bild 19—21.)

Die M.G.-Zieleinrichtung dient beim direkten Richten mit dem Fernrohr zum besseren Auffinden und Festhalten des Zieles und zur leichteren Beobachtung des Gegners und der Schußwirkung, beim indirekten Richten zum Übertragen der Seitenrichtung und zum Nehmen der Erhöhung.

Beim direkten Richten kann bis auf 3000 m, beim indirekten Richten bis auf 3500 m gerichtet werden.

Die M.G.-Zieleinrichtung wird nicht wie das M.G.-Zielfernrohr (M.G.-Richtaufsatz) beim M.G. 08 unmittelbar am M.G., sondern an der M.G.-Lafette als unabhängige optische Visiereinrichtung angebracht.

Dadurch ist der Richtschütze in der Lage, im direkten Richten das Ziel ruhig im Fernrohr festzuhalten und den Gegner sowie die Schußwirkung zu beobachten.

Teile der M.G.-Zieleinrichtung:	Bild
1. Fuß	19
2. Gehäuse für den Höhentrieb,	
3. Gehäuse für den Seitentrieb,	
4. Fernrohr,	
5. Richtglas,	20
6. Triebscheibe für die Höhenteilung,	}
7. Teiltrommel für die Entfernungsteilung,	} 19
8. Einstellmarke für die Entfernungsteilung,	}
9. Teiltrommel für die feine Höhenteilung,	}
10. Einstellmarke für die feine Höhenteilung,	}
11. Deckring,	} 20
12. Teilring mit grober Höhenteilung,	}
13. Einstellmarke für die grobe Höhenteilung,	}
14. Triebscheibe für die Seitenteilung,	

Die M.G.-Zieleinrichtung.

Bild 19. Von hinten links.

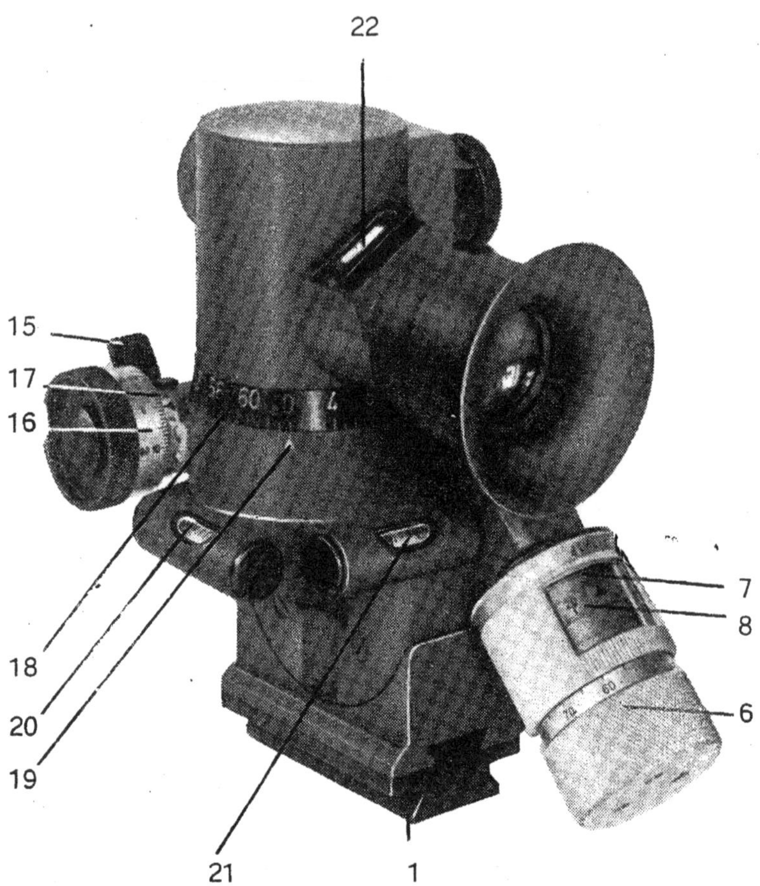

1. Fuß. 6. Triebscheibe für die Höhenteilung. 7. Teiltrommel für die Entfernungsteilung. 8. Einstellmarke für die Entfernungsteilung. 15. Ausschalthebel. 16. Teiltrommel für die feine Seitenteilung. 17. Einstellmarke für die feine Seitenteilung. 18. Teilring mit grober Seitenteilung. 19. Einstellmarke für die grobe Seitenteilung. 20. Erhöhungslibelle. 21. Verkantungslibelle. 22. Beleuchtungsfenster (für das Fernrohr).

Die M.G.-Zieleinrichtung.

Bild 20. Von hinten rechts.

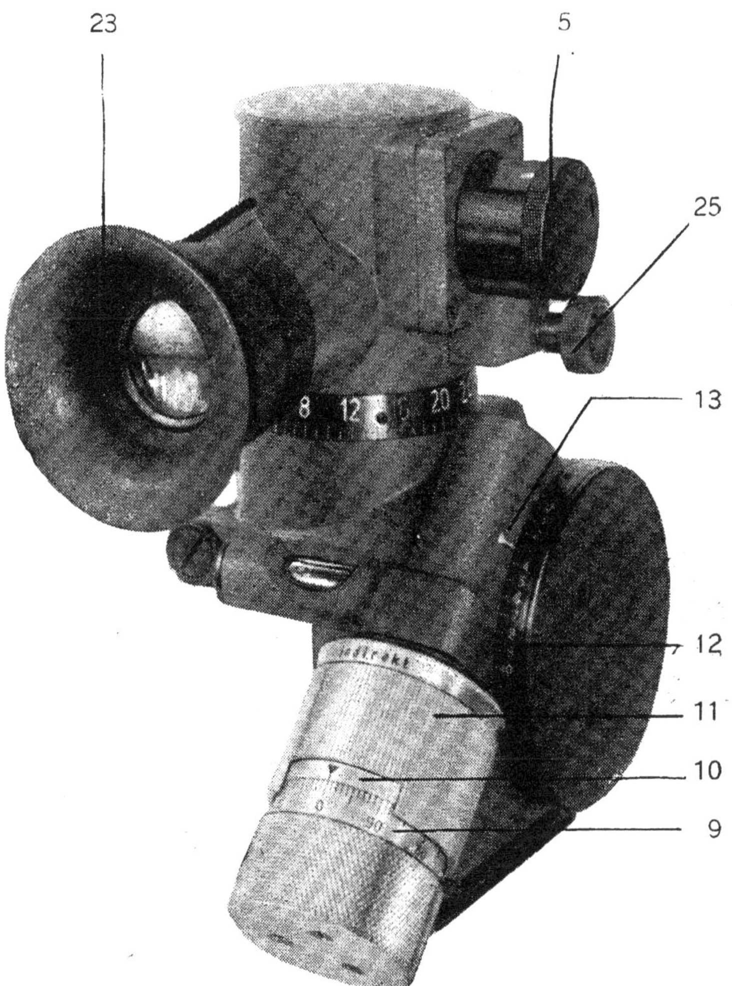

5. Richtglas. 9. Teiltrommel für die feine Höhenteilung. 10. Einstellmarke für die feine Höhenteilung. 11. Deckring. 12. Teilring mit grober Höhenteilung. 13. Einstellmarke für die grobe Höhenteilung. 23. Augenschutz. 25. Klemmutter.

M.G.-Zieleinrichtung mit Vorsatzfernrohr an der M.G.-Lafette 34 angebracht.

Bild 21.

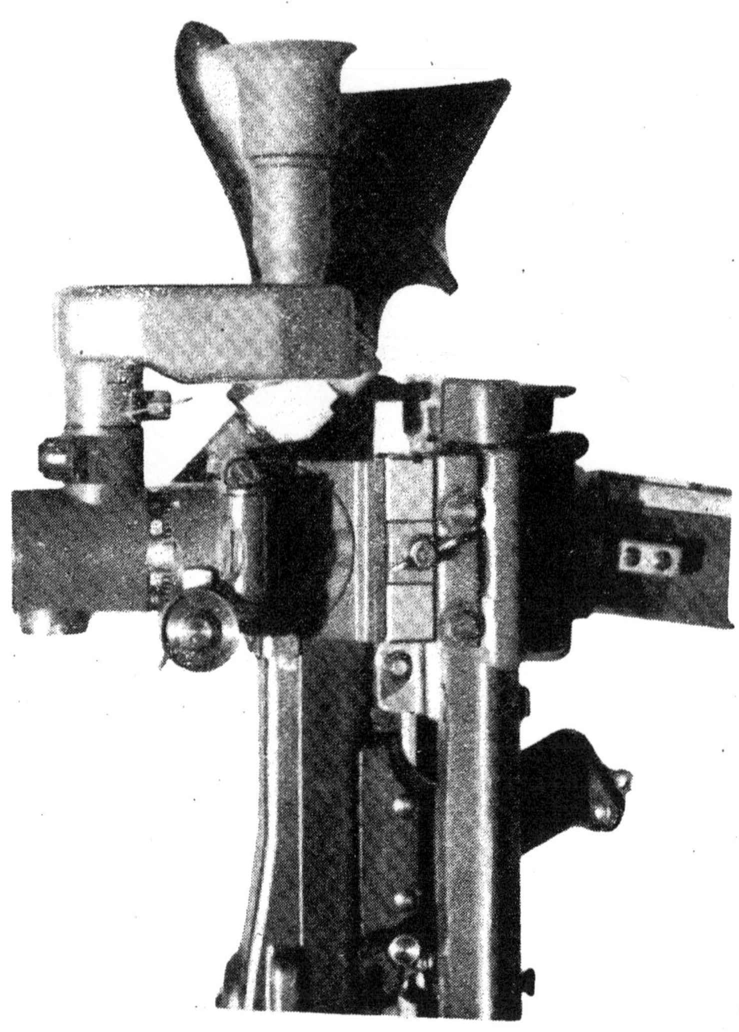

	Bild
15. Ausschalthebel,	19
16. Teiltrommel für die feine Seitenteilung,	
17. Einstellmarke für die feine Seitenteilung,	
18. Teilring mit grober Seitenteilung,	
19. Einstellmarke für die grobe Seitenteilung,	
20. Erhöhungslibelle,	
21. Verkantungslibelle,	
22. Beleuchtungsfenster (für das Fernrohr),	
23. Augenschutz,	20
24. Ausblick,	
25. Klemmutter	20

Das Fernrohr ist rundum schwenkbar, besitzt eine dreifache Vergrößerung und ein Gesichtsfeld von etwa 240 m auf etwa 1000 m Entfernung, d. h. die Fläche, die durch die Optik gesehen werden kann, hat einen Durchmesser von etwa 240 m auf etwa 1000 m Entfernung.

Für das Stellen des Visiers zum direkten Richten befinden sich auf der Teiltrommel für Entfernungsteilung die Entfernungsstriche von 400 bis 1000 in Abständen von 100 m, und von 1000—3000 in Abständen von 50 m. Zum direkten Richten müssen die Marken der Seitenrichtung (feine und grobe) auf „0" stehen. Zum Stellen des befohlenen Visiers wird die entsprechende Entfernungszahl auf der Teiltrommel für die Entfernungsteilung auf die Ablesemarke durch Drehen der Triebscheibe eingestellt.

Das Einstellen des M.G. auf das Ziel durch die Optik in der M.G.-Zieleinrichtung erfolgt in derselben Weise wie mit dem mechanischen Visier-Kimme-Korn.

Für das indirekte Richten ist die M.G.-Zieleinrichtung zum Einrichten nach der Seite und Höhe verwendbar. Sie hat eine grobe Seitenteilung von 100/6400 und eine feine Seitenteilung von 0—100, so daß die Seite auf einen Teilstrich genau eingestellt werden kann.

Die Höhenrichtung ist ebenfalls mit einer groben und feinen Teilung versehen. Die grobe Teilung beträgt 100/6400 in Abständen von Strich zu Strich, die feine Teilung 1/6400 von Strich zu Strich. Die ±0-Stellung (Waagerechte) ist mit 3 (300) bezeichnet.

Das Einstellen der Teilringzahl für die Seitenrichtung erfolgt durch Abwärtsdrücken des Ausschaltehebels und Einstellen des Teilringes für die grobe Seitenteilung mit der entsprechenden Teilringzahl (volle Hunderter) auf die Einstellmarke für grobe Seitenteilung durch Drehen des Fernrohres, dann Druckhebel loslassen und durch Drehen der Triebscheibe für die Seitenteilung die entsprechende Teilringzahl (unter Hundert) auf der Teiltrommel für die feine Seitenteilung auf der Einstellmarke für die feine Seitenteilung einstellen. Vor dem Einstellen der Libellenzahl für die Höhenlibelle muß der Deckring auf „indirekt" gestellt werden. Durch das Drehen der Triebscheibe für die Höhenteilung erst den Teilring mit grober Höhenteilung (Hunderter) auf die Einstellmarke für die grobe Höhenteilung, dann die Teiltrommel für die feine Höhenteilung (unter Hundert) auf die Einstellmarke für die feine Höhenteilung einstellen. Zum Anrichten des Richtkreises, M.G. oder Festlegepunktes wird in der Regel das Zielfernrohr der M.G.-Zieleinrichtung benutzt. Nur wenn der Höhenunterschied so groß ist, daß ein Richten mit dem Abkommen im Zielfernrohr nicht möglich ist, wird das Richtglas (mit Einblick nach oben) benutzt.

Zur Aufbewahrung und zum Tragen der M.G.-Zieleinrichtung dient ein Behälter mit Trageriemen.

Zur Verwendung der M.G.-Zieleinrichtung bei grellem Sonnenschein kann ein Blendglas auf den Ausblickstutzen des Fernrohrs gesteckt werden. Zum Reinigen der M.G.-Zieleinrichtung dient ein Putztuch und ein Haarpinsel. Blendgläser und Reinigungsmittel werden im Behälter mitgeführt, desgleichen das Vorsatzfernrohr.

Vorsatzfernrohr für die M.G.-Zieleinrichtung.

Zur Erleichterung des Richtens und zur Verringerung der Anschlagshöhe des Schützen wird die M.G.-Zieleinrichtung mit dem Vorsatzfernrohr versehen. Dieses besteht aus Einblick, Ausblick mit Flügelmutter, Gehäuse

Das Vorsatzfernrohr wird wie folgt aufgesetzt:

(1) Augenmuschel der M.G.-Zieleinrichtung abnehmen und auf den Einblickstutzen des Vorsatzfernrohres aufschieben.

(2) Ausblickstutzen über den Einblickstutzen der M.G.-Zieleinrichtung schieben und mit Flügelmutter klemmen.

Die Ausbildung an der M.G.-Zieleinrichtung erstreckt sich auf:

a) Behandlung des Gerätes,

b) Ausschalten der Verkantung mit Verkantungslibelle,

c) Einstellen der verschiedenen Visiere,

d) Einstellen der Libellenzahlen und Einspielen der Höhenlibelle,

e) Einstellen von Teilringzahlen,

f) Gebrauch des Richtglases.

Die M.G.-Zieleinrichtung 40.

Bild 21a. Von vorn.

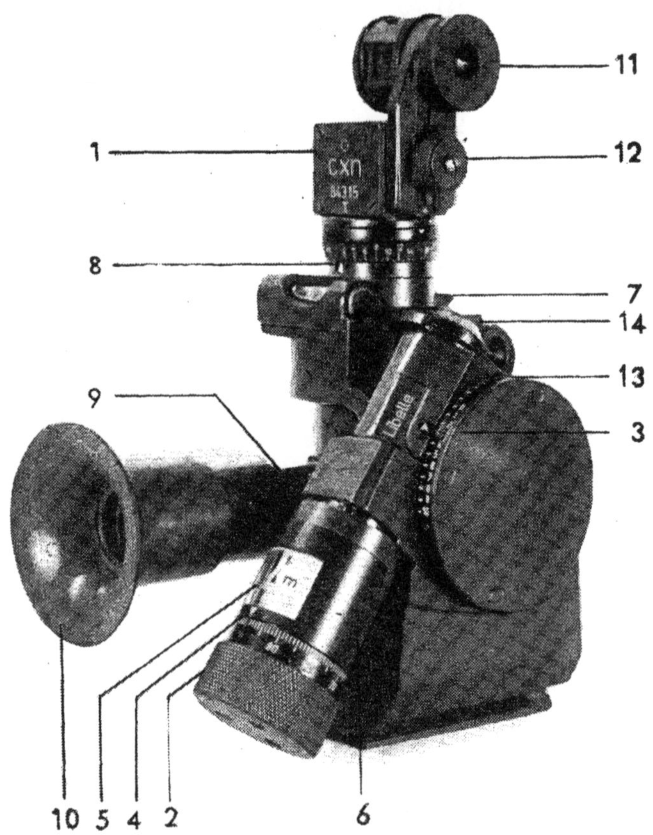

1. Fernrohr. 2. Triebscheibe für die Höhenteilung. 3. Grobe Höhenteilung (Libelle) und Einstellmarke für die grobe Höhenteilung. 4. Teiltrommel mit feiner Höhenteilung und Einstellmarke für die feine Höhenteilung. 5. Teiltrommel f. Entfernungsteilung und Einstellmarke für die Entfernungsteilung. 6. Deckring (Abdeckrohr). 7. Ausschaltehebel. 8. Teilring mit grober Seitenteilung und Einstellmarke für grobe Seitenteilung. 9. Einblickstutzen (schwenkbar). 10. Augenschutz. 11. Richtglas (abnehmbar). 12. Klemmschraube zum Richtglas. 13. Grobe Geländewinkelteilung. 14. Feine Geländewinkelteilung.

Tägliches üben des Schützen an der Waffe und am Gerät ist erforderlich, um diesen Ausbildungsforderungen gerecht zu werden.

M.G.-Zieleinrichtung 40

Das Richten und Zielen mit der M.G.-Zieleinrichtung 40 beim direkten und indirekten Richten erfolgt in derselben Weise wie mit der bisherigen M.G.-Zieleinrichtung.

Sie kann mit Hilfe eines Zwischenstückes Bild 22 (ohne Einschränkung) als Richtkreis auf dem Richtkreisgestell benutzt werden. Um beim Messen des Geländewinkels dieselben Werte wie beim Richtkreis ohne Umrechnung zu erhalten, ist außer der groben und feinen Höhenstellung (Libelle) noch eine Geländewinkelteilung angebracht.

Zwischenstück zur M.G. Z 40

Bild 22.

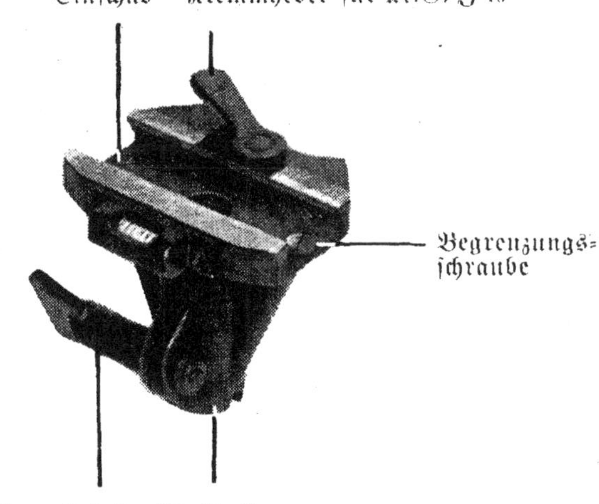

5*

Die M.G.-Zieleinrichtung 40.

Bild 21b. Von links.

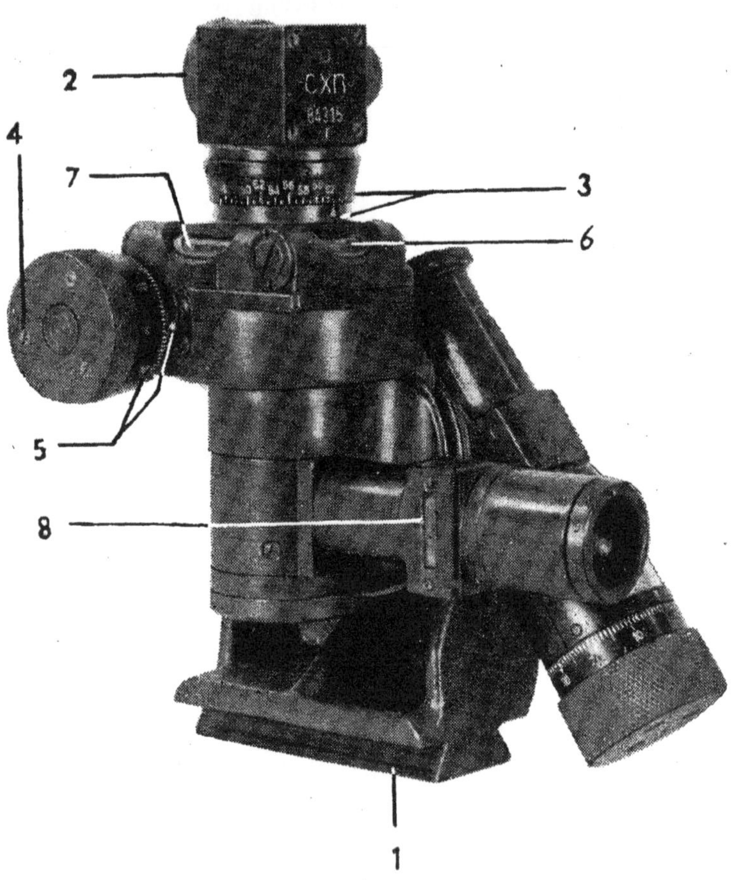

1. Fuß. 2. Ausblick. 3. Teilring mit grober Seitenteilung und Einstellmarke für grobe Seitenteilung. 4. Triebscheibe für Seitenteilung. 5. Teiltrommel für feine Seitenteilung und Einstellmarke für feine Seitenteilung. 6. Verkantungslibelle. 7. Erhöhungslibelle. 8. Beleuchtungsfenster.

Mit der M.G.-Zieleinrichtung 40 ausgestattete s.M.G.-Züge erhalten an Stelle eines Richtkreises eine weitere M.G.-Zieleinrichtung 40 mit Zwischenstück zum Richtkreisgestell.

Das Fernrohr ist als Rundblickfernrohr ausgebildet und ermöglicht außer dem direkten Anschneiden des Zieles auch das Festlegen nach einem im Umkreis gelegenen Festlegepunkt, ohne die Lage am Fernrohreinblick zu verändern. Der Einblickstutzen ist schwenkbar angeordnet. Dadurch kann sich der Richtschütze beim direkten Richten mit dem Körper besser der Geländeform anpassen und dem Gewehrführer wird das Überprüfen des Richtschützen vereinfacht und erleichtert. Zur genauen Einstellung der Seitenrichtung beim direkten Richten rastet die Triebscheibe für den Seitentrieb bei der Marke „0" fühlbar ein.

Das Rundblickfernrohr besitzt eine dreifache Vergrößerung und ein Gesichtsfeld von 11°5.0— = etwa 215 m auf 1000 m Entfernung, d. h. die Fläche, die durch die Optik gesehen werden kann, hat einen Durchmesser von etwa 215 m auf 1000 m Entfernung.

Teile der M.G.-Zieleinrichtung 40:

1. Fernrohr,
2. Fuß,
3. Triebscheibe für die Höhenteilung,
4. grobe Höhenteilung (Libelle) und Einstellmarke für die grobe Höhenteilung,
5. Teiltrommel mit feiner Höhenteilung und Einstellmarke für feine Höhenteilung,
6. Teiltrommel für Entfernungsteilung und Einstellmarke für die Entfernungsteilung,
7. Deckring (Abdeckrohr),

8. Ausblick,
9. Ausschaltehebel,
10. Teilring mit grober Seitenteilung und Einstellmarke für grobe Seitenteilung,
11. Triebscheibe für Seitenteilung,
12. Teiltrommel für feine Seitenteilung und Einstellmarke für feine Seitenteilung,
13. Verkantungslibelle,
14. Erhöhungslibelle,
15. Einblickstutzen (schwenkbar),
16. Beleuchtungsfenster,
17. Augenschutz,
18. Richtglas (abnehmbar),
19. Klemmschraube zum Richtglas,
20. grobe Geländewinkelteilung,
21. Einstellmarke für grobe Geländewinkelteilung,
22. feine Geländewinkelteilung,
23. Einstellmarke für feine Geländewinkelteilung.

Gewicht der M.G.-Zieleinrichtung 40 etwa 2 kg
Gewicht der M.G.-Zieleinrichtung 40 m. Behälter etwa 3 kg

Zur M.G.-Zieleinrichtung gehören:

1 Behälter mit Trageriemen,
2 Blendgläser,
1 Staubpinsel für Optik,
1 Putztuch.

D. Der M.G.-Wagen 36 (Jf. 5).

(Bild 23 und 24.)

Der M.G.-Wagen 36 (Jf. 5) besteht aus Vorder- und Hinterwagen. Er ist ein Protzfahrzeug, gummibereift und für den Pferdezug eingerichtet. Er dient:

a) zur Mitführung von 2 M.G. 34 oder 2 M.G. 42 mit M.G.-Lafette 34 oder 42, Zubehör und Munition,

b) mit eingesetztem Zwillingssockel 36 zur Fliegerabwehr auf dem Marsche.

Es kann vom stehenden Fahrzeug (abgeprotzt) und in der Bewegung geschossen werden.

Auf dem Vorderwagen (Protze) ist Sitzgelegenheit für den Fahrer und Gewehrführer, außerdem dient er zur Mitführung des Gepäcks für 6 MG.-Schützen, des Fahrzeugzubehörs, Futterration und, wenn erforderlich, noch für M.G.-Gerät und Munition.

Der Hinterwagen hat die Form eines viereckigen, nach oben offenen Kastens. Am Boden des Kastens befinden sich Leisten, an denen sich der Schütze zum Drehen des Obersockels beim Schießen mit den Füßen abstoßen kann. Der Zwillingssockel 36 wird mittels Schrauben auf der Bodenplatte des M.G.-Wagens 36 (Jf. 5) befestigt.

An der Hinterwand befinden sich zwei Hebel. Durch den linken (Kupplungshebel, mit „K“ bezeichnet) kann der Hinterwagen vom Vorderwagen sowohl im Fahren als auch im Stehen abgekuppelt werden. Die Protzöse besteht zu diesem Zweck aus 2 Klappbacken.

Durch den rechten Hebel (mit „St“ bezeichnet) können die unter dem Boden des Hinterwagens angebrachten 2 niederklappbaren Kufen sowohl während der Fahrt als auch im Halten heruntergeklappt werden. Gleichzeitig fallen die Stützen. Hierdurch wird dem Hinterwagen im abgeprotzten Zustande beim Schießen gegen Flugziele ein fester Stand gegeben.

Bild 23. **Der M.G.-Wagen 36** (von links hinten).

Bild 24. **Der M.G.-Wagen 36** (abgeprotzter Hinterwagen, Stützen gezogen).

An den Seitenwänden befinden sich oben Behälter mit Deckel zur Aufnahme je eines M.G. 34 oder M.G. 42.

Die M.G.-Lafette 34 oder 42 bzw. das Dreibein sind in Befestigungsvorrichtungen an der Außenseite der hinteren Kastenwand angebracht. Sie werden durch Bezüge, die an der Kastenwand angenietet sind, gegen Verstauben geschützt.

Die Wände des Kastens sind an der Innenseite zur Aufnahme des M.G.-Geräts und der Munition eingerichtet.

II. Teil.

Handhabung und Bedienung des M.G. 34 (zum Teil auch M.G. 42).

I. Einteilung, Ausrüstung und Aufgaben der M.G.-Bedienung.

1. Beim le.M.G.

Die le.M.G. werden bei allen Einheiten, deren Aufgabe eine rein infanteristische ist, in der Regel im Rahmen der Gruppe verwendet.

Bei den Einheiten, die das le.M.G. zur Fliegerabwehr und zur Selbstverteidigung haben, wird es je nach Anordnung des betr. Führers der Einheit eingesetzt.

Die Gruppe besteht in der Regel aus dem Gruppenführer und 9 Schützen.

	Ausrüstung	Aufgaben
Gruppenführer	M.P. mit 6 Mag. in Mag.-Tasche, Magazinfüller, Doppelfernrohr, Signalpfeife, (Marschkompaß), (Sonnenbrille), (Taschenlampe)	**Der Gruppenführer ist Führer und Vorkämpfer seiner Gruppe.** Er ist verantwortlich für: (1) Ausführung seines Kampfauftrages. (2) Leitung des Feuers des le.M.G. und — soweit das Gefecht es zuläßt — der Gewehrschützen. (3) Kriegsbrauchbarkeit und Vollzähligkeit der Waffen, Munition und Gerät seiner Gruppe.
Schütze 1	M.G. 34 bzw. M.G. 42 mit angehängt. Gurttrommel,	Schütze 1 ist der Richtschütze. Er ist verantwortlich für:

	Ausrüstung	Aufgaben
	1 Gurttrommel 34 (am Leibriemen), Pistole Werkzeugtasche, Taschenlampe, (kurzer Spaten), (Sonnenbrille)	(1) Bedienung des le. M.G. im Kampf. (2) Überprüfen des M.G. zum Schießen. (3) Pflege des M.G.
Schütze 2	Laufschützer mit einem Vorratslauf, 4 Gurttrommeln, davon 1 Gurttrommel mit panzerbrechender Munition, 1 Patr.-Kasten, Tragegurt 34 oder Mun.-Trageeinrichtung, Pistole, kurzer Spaten, Sonnenbrille.	Schütze 2 ist der Gehilfe des Richtschützen im Kampf. Nach dem Instellunggehen liegt er links seitwärts - rückwärts des le.M.G. möglichst in voller Deckung. Er bleibt neben dem le.M.G. liegen, wenn eine Dekkung vorhanden oder die Feuerüberlegenheit errungen ist. Wenn es die Lage erfordert, ist er auch Nahkämpfer, z. B. in der Sturmabwehr. Schütze 2 ist verantwortlich für: (1) Zureichen der Gurttrommeln. (2) Hilfe beim Instellunggehen, wenn aus dem Patr.-Kasten geladen wird.

(3) Nachfüllen leergeschossener Gurttrommeln durch Gurtstücke aus dem Patronenkasten.
(4) Unterstützung beim Beseitigen von Hemmungen. Laufwechsel und Zurechtsetzen des Zweibeins.
(5) Unterstützung in der Pflege des le.M.G.

<table>
<tr><th></th><th>Ausrüstung</th><th>Aufgaben</th></tr>
<tr><td>Schütze 3</td><td>Laufschützer mit einem Vorratslauf,
2 Patronenkästen,
Tragegurt,
Gewehr,
kurzer Spaten</td><td>Schütze 3 ist Munitionsschütze. Im Feuerkampf liegt er nach Möglichkeit rückwärts in voller Deckung.
Schütze 3 ist verantwortlich für:</td></tr>
<tr><td colspan="3">(1) Zureichen der Munition.
(2) Nachfüllen leergeschossener Gurttrommeln durch Gurtstücke aus dem Patr.-Kasten.
(3) Sorge für liegenbleibende Munition und Gerät beim Stellungswechsel.
(4) Überprüfen der Munition zum Schießen.
(5) Selbständiger Einsatz als Gewehrschütze und Nahkämpfer, wenn es die Lage erfordert.</td></tr>
<tr><td>Schütze 4—9</td><td>a) Gewehr, 2 Patr.-Taschen, kurzer Spaten.
b) Die meist eingeteilten Handgranatenwerfer der Gruppe außerdem Handgranaten.
c) Ferner je nach Befehl: Gurttrommeln, vor allem mit panzerbrechender Munition, Nebelhandgranaten, geballte Ladungen, Munition, Dreibein.</td><td>a) Die Schützen 4 bis 9 führen den Feuerkampf mit Gewehr, sie sind Nahkämpfer.
b) Der stellvertretende Gruppenführer ist außerdem verantwortlich für:
(1) Wahrung des Zusammenhalts innerhalb der Gruppe (kein Zurückbleiben einzelner Schützen).
(2) Überwachen der Ausführung aller Befehle.
(3) Verbindung zum Zugführer und den Nachbargruppen.
(4) Bezeichnung der vorderen Linie. Er trägt die Flagge vorderer Linie.</td></tr>
</table>

Die 3 Dreibeine für M.G., deren Mitnahme nur auf besonderen Befehl erfolgt, sind beliebig auf die Züge zu verteilen.

Bei Einheiten, die das M.G. zur Fliegerabwehr und zur Selbstverteidigung haben, besteht die Bedienung in der Regel aus 2 Schützen.

2. Beim s.M.G.

Durch die Verwendung des M.G. 34 und M.G. 42 auf der M.G.-Lafette mit M.G.-Zieleinrichtung wird es zum s.M.G.

	Ausrüstung	Aufgaben
Gewehrführer	M.G.-Zieleinrichtung mit Vorsatzfernrohr, Laufschützer mit 1 Vorratslauf 1 Patronenkasten. Pistole, Doppelfernrohr, Marschkompaß, Deckungswinkelmesser. Kurzer Spaten Sonnenbrille. Meldekartentasche (mit Handtafel, Meldeblock und Schreibzeug). Taschenlampe.	Der Gewehrführer ist verantwortlich für die Ausbildung seiner M.G. - Bedienung, für die Pflege und stete Gefechtsbereitschaft von Waffe und Gerät. Im Gefecht ist er verantwortlich für die Durchführung des Kampfauftrags. Dazu gehören: Gedecktes Vorführen seines M.G., Wahl der Feuerstellung,

Einrichten und Einnehmen der Feuerstellung. Feuerleitung seines M.G. Dauernde Beobachtung des Gefechtsfeldes, besonders von Feind und eigener Truppe. Verbindung zum Führer, dem er unterstellt ist. Vorbereitende Maßnahmen zum Stellungswechsel. Ersatz von Munition und Gerät.

	Ausrüstung	Aufgaben
Schütze 1 (Richtschütze)	M.G. 34 mit Bezug oder M.G. 42, Zweibein u. Trageriemen. Zur Verwendung als le.M.G. (bei Überraschungen) ist es zweckmäßig, den Richtschützen mit einer Gurttr. 34 auszurüsten.*) Werkzeugtasche mit Inhalt. Pistole, kurzer Spaten, Sonnenbrille.	Stellvertreter des Gewehrführers. Im Gefecht sorgt er für Nachführen seines M.G., bedient es u. beseitigt auftretende Hemmungen
Schütze 2	M.G.-Lafette Pistole, kurzer Spaten.	Gehilfe des Richtschützen. In der Feuerstellung unterstützt er den Richtschützen bei den Vorbereitungen zur Feuereröffnung und hilft beim Beseitigen der Hemmungen.
Schütze 3	2 Patronenkasten. Laufschützer mit 1 Vorratslauf. Tragegurt 34. Gewehr. Kurzer Spaten.	Munitionsschütze. Bei Bedarf wird er zur Beobachtung des Gefechtsfeldes (Feind und eigene Truppe) od. als Verbindungsschütze wie Schütze 4 eingeteilt.
Schütze 4	2 Patronenkasten. Laufschützer mit 1 Vorratslauf. Tragegurt 34. Gewehr. Drahtschere.	Munitionsschütze. Er ist verantwortlich für die Verbindung zum M.G.-Gruppen- oder Zugführer, bzw. Führer der Einheit, dem das M.G. unterstellt ist.

*) Beim M.G. 34 oder 42als s.M.G. auf M.G.-Laf. 34 oder 42 kann die Gurttr. nicht verwendet werden.

	Ausrüstung	Aufgaben
Schütze 5	1 Patronenkasten. 2 Gurttrommeln 34*) 1 Lafettenaufsatzstück*) Tragegurt 34. Gewehr. Klauenbeil oder kurzer Spaten.	Wie Schütze 3.

*) Werden nur auf Befehl mitgenommen. Unterbleibt die Mitnahme, so nimmt der Schütze an deren Stelle einen weiteren Patronenkasten mit.

II. Anbringen des Zweibeins an M.G. 34 und 42 und Aufsetzen des M.G. auf die Schießgestelle.

1. Anbringen des Zweibeins an das M.G. 34.

Die linke Hand erfaßt das M.G. von unten am vorderen Teil des Mantels, die rechte Hand stellt das Korn hoch.

Rechte Hand setzt das Zweibein von oben auf die vordere Gewindebuchse (Bild 24).

Die linke Hand drückt mit Zeige- und Mittelfinger die Sperrfeder gegen den Mantel.

Die rechte Hand schwenkt das Zweibein so weit in den Einschub ein, bis die Sperrfeder in den Ausschnitt am Zweibein einrastet.

Das Anbringen des Zweibeins als Mittelunterstützung erfolgt in der gleichen Weise. Bei den M.G. älterer Fertigung muß es von rechts unten in den Einschub eingeführt werden.

Zum Anklappen an den Mantel muß das Zweibein in den Einschub der vorderen Gewindebuchse eingesetzt werden.

Bild 25. Anbringen des Zweibeins als Vorderunterstützung.

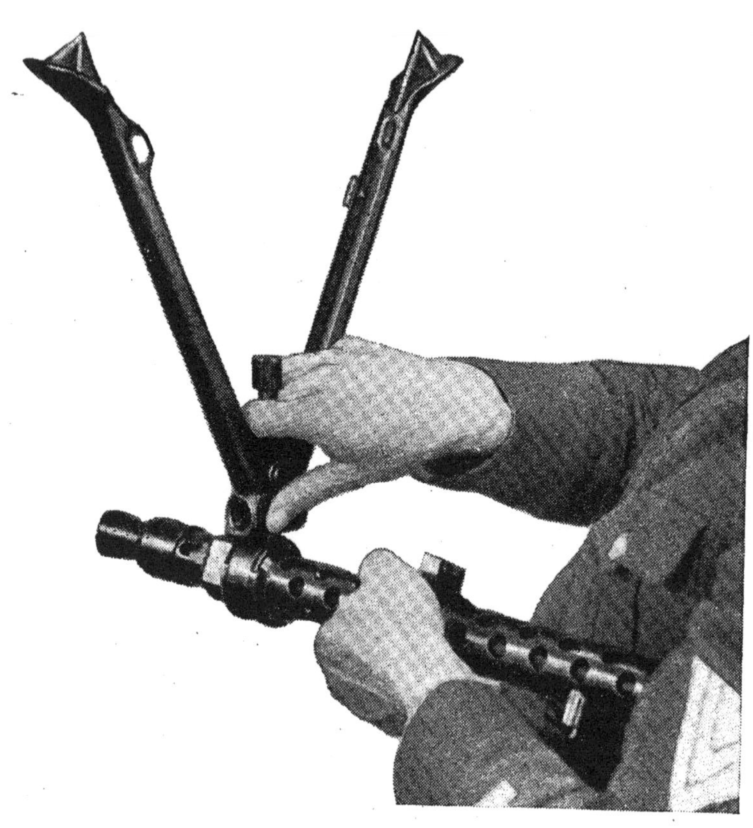

2. Übergehen von der Vorder- zur Mittelunterstützung.

Das M.G. in Deckung zurückziehen. Der Schütze legt sich auf die linke Seite und nimmt den Kolben zwischen die Oberschenkel.

Mit Zeige- und Mittelfinger der linken Hand die Sperrfeder zum Zweibein gegen den Mantel drücken, hierbei bei heißgeschossenem Lauf den Asbestlappen verwenden.

Das Zweibein so weit nach oben schwenken, bis es aus dem Einschub genommen werden kann.

Das Anbringen des Zweibeins als Mittelunterstützung erfolgt sinngemäß nach vorstehender Ziffer 1.

Korn und Stangenvisier müssen hochgestellt sein.

3. Anbringen und Abnehmen des Zweibeins als Vorder- (Mittel-)Unterstützung an das M.G. 42.

Das Druckstück ist mit Hilfe des Ansatzes mit Druckstück zurückzudrücken und der Kopf in den Einschub einzulegen. Dann ist das Druckstück loszulassen und festzustellen, ob der Kopf in den Einschüben am Gehäuse richtig eingerastet ist.

Zum Anklappen des Zweibeins an das Gehäuse sind die Schenkel dicht zusammenzufassen, so daß sich die Bügel berühren. Die Bügel sind in das entsprechende Loch des Gehäuses einzuführen und das Zweibein loszulassen. Durch die Federkraft des Zweibeins wird es in der angeklappten Lage gehalten. Wurde mit Mittelunterstützung geschossen, muß das Zweibein zum Anklappen in das Gehäuse erst in die Vorderunterstützung umgesetzt werden.

4. Aufsetzen des M.G. 34 auf das Dreibein.

Das Aufsetzen des M.G. 34 auf das Dreibein 34 oder Dreibein 40 mit Lager 34 erfolgt nach Abschnitt XI 2 Anschlag kniend.

Das Aufsetzen des M.G. 42 auf das Dreibein 34 oder 40 mit Lager 42 erfolgt sinngemäß wie das Anbringen des Zweibeins an das M.G. 42.

Bild 26. Ausklappen der Vorderstütze der M.G.-Lafette 34 zum Anschlag liegend.

5. Aufstellen der M.G.-Lafette 34 und 42

Schütze 2 löst den Riegel an der Mittelstrebe, rastet mit einer Hand den Rasthebel an der Mittelstrebe aus und schwenkt mit der anderen Hand die Vorderstütze nach vorn (Bild 26). Dann drückt er auf den Rasthebel an der Vorderstütze, zieht diese entsprechend der befohlenen Anschlaghöhe aus und läßt den Hebel einrasten. Er legt die Lafette auf Vorderstütze und Rahmenbogen. Inzwischen hat Schütze 1 den Trageriemen vom Griffstück gelöst und Visierstange und Korn hochgeklappt.

Schütze 2 und 1 lösen die Flügelmuttern der Hinterstützen (Schütze 2 die rechte, Schütze 1 die linke), schlagen die Stützen nach rückwärts, heben mit den inneren Händen die Lafette in die entsprechende Anschlaghöhe und ziehen die Flügelmuttern fest. Die Flügelmuttern müssen hierbei genügend gelöst sein, da sich sonst die Zähne vorzeitig abnutzen. Sie dürfen erst dann angezogen werden, wenn die Zähne über den entsprechenden Vertiefungen stehen.

Wenn es das Gelände und die Gefechtslage erfordern, können die Stützen durch den Schützen 2 allein gestellt werden.

Auf möglichst waagerechte Stellung der Gleitbahn und richtige Einstellung der Vorder- und Hinterstützen ist zu achten.

Schütze 2 erfaßt die Oberlafette mit der linken Hand am Handgriff nach Bild 27, drückt mit dem Daumen der linken Hand die Druckplatte (Druckhebel) nach vorn, hebt den Lafettenoberteil nach oben und zieht gleichzeitig mit der rechten Hand die Richtvorrichtung scharf nach rückwärts (dem Körper zu), bis sie senkrecht steht und in die Oberlafette einrastet. Dann löst er die Flügelmutter und dreht, um das Richten des M.G. nach Höhe und Tiefe zu ermöglichen, mit der

6*

Bild 27. Aufrichten der Richtvorrichtung.

Bild 28. Einsetzen des M.G. 34 und M.G. 42 in die M.G.-Lafette.

Beim M.G. 42 ist das Zweibein vom Mantel abzuklappen.

linken Hand am Handrad die Richteinrichtung etwa bis zur Hälfte nach oben. Ist Zeit vorhanden, öffnet er den Schellenverschluß am Klapplager (fällt bei M.G.-Lafette 42 fort).

Die Oberlafette muß bei halbausgedrehter Richtvorrichtung waagerecht stehen. Ist dies nicht der Fall, so ist durch Verstellen der Stützen nachzuhelfen.

Damit die Stützen gleich entsprechend der Anschlaghöhe gestellt werden können, empfiehlt es sich, die Richtvorrichtung vor dem Einstellen der Stützen aufzurichten und bis zur Hälfte auszudrehen.*)

6. Einsetzen des M.G. 34 in die M.G.-Lafette 34.

Schütze 1 (Richtschütze) öffnet den Schellenverschluß am Klapplager (falls nicht schon vom Schützen 2 geschehen) und setzt das M.G., Mündung etwas angehoben (Bild 28), mit den Befestigungsbolzen in die Kralle am Lafettenoberteil ein, legt es in das Klapplager, Schütze 2 schließt den Schellenverschluß.

Gewehrführer (oder Schütze 1) setzt die M.G.-Zieleinrichtung in den Zielfernrohrhalter ein und klemmt sie mit der Flügelmutter fest. Der Fuß der M.G.-Zieleinrichtung muß vollständig in den Ausschnitt des Halters eingeschoben werden.

Das Abnehmen des M.G. von der Lafette und das Zusammenklappen der Lafette erfolgt in umgekehrter Reihenfolge. Beim Umlegen der Richtvorrichtung ist darauf zu achten, daß die Richtvorrichtung in die Ausgangsstellung (unterste Stellung) gedreht und richtig in die Rast am Druckhebel eingerastet ist.

---

*) Je nach Lage und Bodenform können auch zunächst die Hinterstützen und dann die Vorderstütze ausgeschlagen werden. Für die vordere Lage des M.G. 42 in der M.G.-Laf. 42 ist an Stelle des Klapplagers mit Schellenverschluß ein Riegelverschluß getreten. Vor dem Einlegen des M.G. 42 in die M.G.-Lafette 42 zieht der Schütze den Hebel am Riegelverschluß zurück und läßt ihn, wenn das M.G. richtig eingelegt ist, wieder los.

III. Laden und Sichern des M.G.

Es wird verwendet:

Gurtzuführung	beim
aus der Gurttrommel 34 und in Ausnahmefällen auch aus dem Patronenkasten für M.G.	M.G. 34 und M.G. 42 als le.M.G. für Erdzielbeschuß vom Zweibein oder Dreibein;
aus dem Patronenkasten für M.G.	M.G. 34 und M.G. 42 als s.M.G. auf M.G.-Laf.
aus der Gurttrommel 34 oder aus dem Patronenkasten für M.G.	M.G. 34 und M.G. 42 für Flugzielbeschuß vom Dreibein oder M.G.-Laf. mit Lafettenaufsatzstück;
aus der Gurttrommel 34	M.G. 34 und M.G. 42 in der Fliegerdrehstütze und Flugzielbeschuß von der Schulter eines Schützen;
aus dem Patronenkasten 36 (39)	M.G. 34 und M.G. 42 im Zwillingssockel;
aus dem Gurtsack 34 bzw. Gurtkasten oder Trommelzuführung aus der Patronentrommel 34	M.G. 34 eingebaut in PzKpf.- und Spähwagen (je nach Einrichtung der Fahrzeuge)

1. Laden.

Die Handhabung des M.G. als s.M.G. beim Laden und Entladen, beim Sichern und Entsichern ist dieselbe wie bei der Verwendung des M.G. 34 bzw. 42 als le.M.G.

Bei Verwendung des M.G.34 bzw. 42 als le.M.G. ist grundsätzlich aus der Gurttrommel zu laden. Aus dem

Bild 29.
Laden aus der Gurttrommel: Bei geschlossenem Deckel.

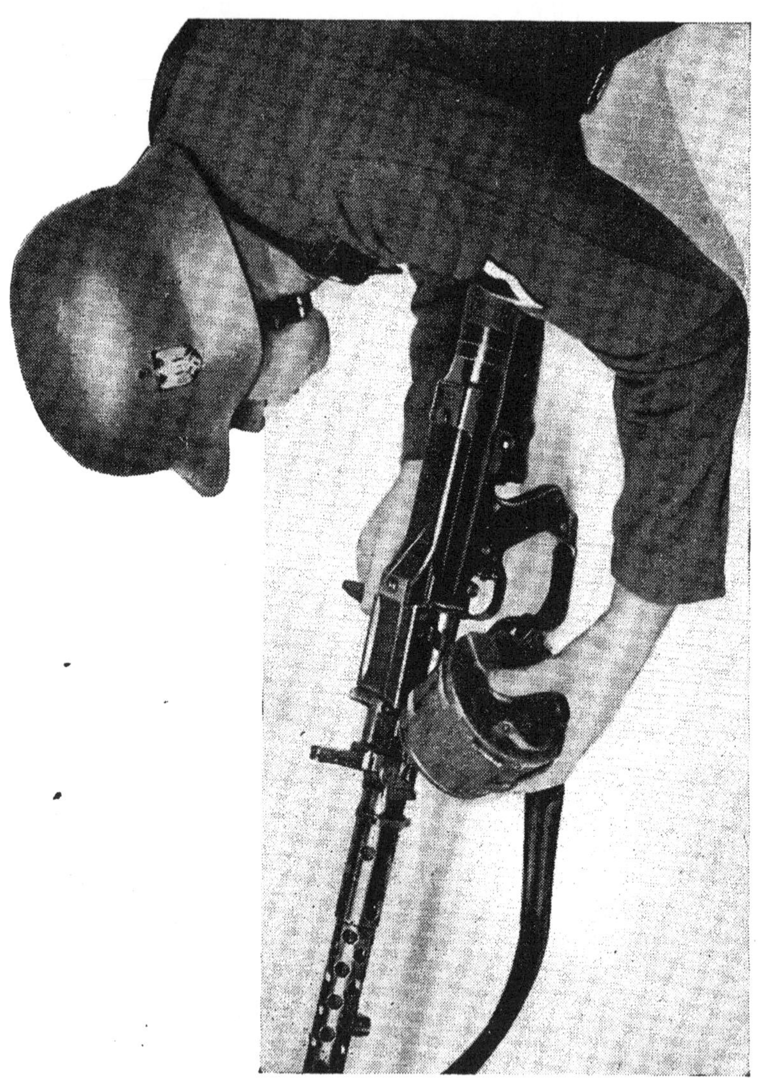

Patronenkasten ist nur zu laden, wenn das le.M.G. längere Zeit in einer Stellung verbleiben muß oder keine Gurttrommeln zur Stelle sind. Zum leichteren und schnelleren Füllen der Gurttrommeln kann ein Patr.-Kasten mit Gurtteilen zu 50 (47) Patronen mitgeführt werden.

a) bei Gurtzuführung.

(1) Aus der Gurttrommel 34.

Auf das Kommando „Laden!" oder „Stellung!" wird das M.G. geladen

Der Schütze erfaßt mit der rechten Hand den Spannschieber und zieht mit ihm das Schloß mit einem kräftigen Ruck so weit zurück, bis es vom Abzugstollen gehalten wird*), dann schiebt er den Spannschieber wieder nach vorn, bis er hörbar einrastet und sichert, wenn nicht sofort geschossen werden soll.

Bei geschlossenem Deckel.

Die linke Hand erfaßt die Gurttrommel. Der Schieber der Gurttrommel am Austritt des Patronengurts wird zurückgeschoben, das Einführende wird frei gemacht, durch den Zuführer gesteckt und die Gurttrommel am Zuführerunterteil befestigt (Bild 29). **Der feste Sitz der Gurttrommel ist nur gewährleistet, wenn der Haken am Boden der Trommel in den Haken am Zuführerunterteil und die federnde Klappe am Deckel der Trommel vollständig über den Ansatz am Zuführerunterteil faßt.**

Die rechte Hand zieht, ohne Gewalt anzuwenden, mit dem Einführstück den Gurt waagerecht (nicht rückwärts)

*) Da es vorkommen kann, daß beim M.G. 34 durch Verschmutzen des Abzuges der Abzughebel in der zurückgezogenen Lage hängen bleibt, muß darauf geachtet werden, daß vor dem Zurückziehen des Schlosses mit dem Spannschieber der Abzughebel ganz nach vorn gegangen ist („D" und „E" müssen gut sichtbar sein).

Bild 30.

Laden aus dem Patronenkasten: Bei geschlossenem Deckel.

Bild 31.
Laden aus dem Patronenkasten: Bei geöffnetem Deckel.

Bild 32: Vorbereiten des M.G. zum Laden aus der Gurttrommel bei geöffnetem Deckel zur schnellen Feuerbereitschaft.

in den Zuführer, bis die erste Patrone am Anschlag des Zuführerunterteils anliegt. Die Gurthebel haben sich hinter die erste, der Zubringerhebel hinter die zweite Patrone gelegt. Das M.G. ist geladen.*)

Bei geöffnetem Deckel.

Fehlt das Einführstück, so muß bei geöffnetem Deckel geladen werden. Aus der Gurttrommel hängen dann statt des Einführstückes die ersten beiden leeren Taschen heraus.

Nach dem Befestigen der Gurttrommel am Zuführerunterteil legen beide Hände den Gurt so in den Zuführerunterteil, daß die erste Patrone gradlinig am Anschlag anliegt. Während eine Hand den Deckel schließt, hält die andere den Gurt noch fest, damit er nicht wieder zurückgleiten kann. Beim Schließen des Deckels ist darauf zu achten, daß der Transporthebel nach rechts, bzw. der Gurtschieber ganz nach links, geschoben ist.

Nach dem Schließen des Deckels ist der Gurt nach rechts anzuziehen. Die Visierstange ist hochzustellen.

Auch mit Einführstück kann bei geöffnetem Deckel geladen werden.

(2) **Aus dem Patronenkasten.**

Das Laden aus dem Patronenkasten bei geschlossenem und geöffneten Deckel mit Zuführer erfolgt in derselben Weise wie das Laden aus der Gurttrommel, ausgenommen die Griffe, die zum Anbringen der Gurttrommel am M.G. erforderlich sind.

Der Schütze 2 stellt einen geöffneten, gefüllten Patronenkasten links neben das M.G., Deckel nach rechts zeigend. Beim s.M.G. legt er bei geöffnetem Deckel mit der rechten Hand den Gurt in den Zuführerunterteil.

---

*) Beim M.G. 34 entsprechen dem M.G. 42

die Gurthebel	den Zubringehebeln, innere
der Zubringehebel	den Zubringehebeln, äußere

Bei geschlossenem Deckel führt der Schütze 1 den Patronengurt mit dem Einführstück in den Zuführer.

Fehlt das Einführstück, so muß bei geöffnetem Deckel geladen werden. Aus dem Gurt müssen dann die beiden ersten Patronen entfernt werden, damit 2 leere Gurttaschen entstehen. Mit diesen hält der Schütze den Gurt beim Schließen des Deckels mit der rechten Hand fest (Bild 30 und 31).

b) bei Trommelzuführung (nur bei M.G. 34)

aus der Patronentrommel 34.

Der Deckel mit Zuführeroberteil und der Zuführerunterteil sind abzunehmen, der Deckel mit Trommelhalter einzusetzen, zu schließen, das Schloß zurückzuziehen, Spannschieber vorzuschieben und zu sichern.

Die linke Hand erfaßt die Patronentrommel so von oben, daß der Lederriemen über der Hand liegt, und setzt die Patronentrommel mit dem Patronenaustritt (Lippen) in den Durchbruch am Deckel (Trommelhalter) ein. Das M.G. ist geladen. Vor dem Aufsetzen der Patronentrommel ist es nötig, die erste Patrone etwas (½ cm) vorzuschieben.

Bewegungen mit dem geladenen und gesicherten M.G. (eingelegtem Gurt, aufgesetzter Trommel und zurückgezogenem Schloß) sind verboten.

c) Vorbereiten des M.G. 34 zum Laden zur schnellen Feuerbereitschaft (Bild 32).

Ist erhöhte Feuerbereitschaft erforderlich, zum Beispiel Fliegerabwehr auf dem Marsch (M.G. im Zwillingssockel 36, im Schießbügel des Kradbeiwagens, in der Fliegerdrehstütze, beim Tragen auf dem Marsch mit angehängter Gurttrommel, beim le.M.G. sofort nach dem Freimachen des Geräts), im Gefecht vor dem Sprung, im Kampfwagen usw., ist das Laden des M.G. wie folgt vorzubereiten, wobei das Schloß **entspannt** sein und

Bild 33. Schloß (Schlagbolzenfeder) entspannt.

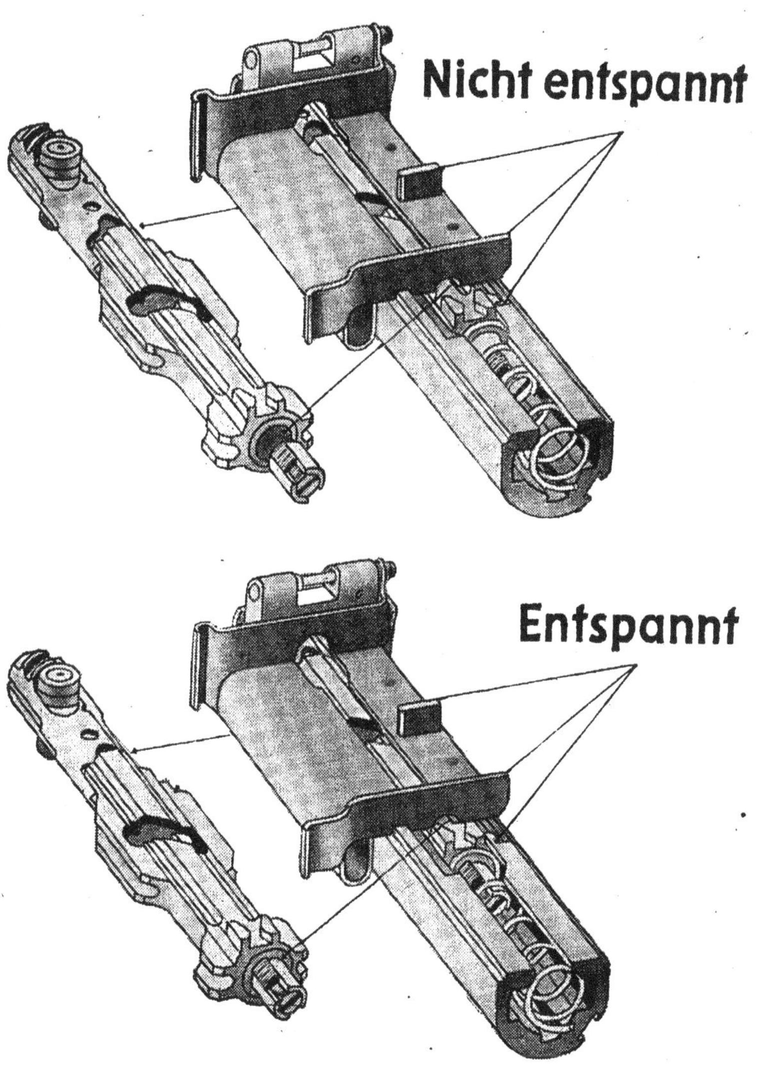

unbedingt in der angegebenen Reihenfolge verfahren werden muß.

(1) Gurt in den Zuführerunterteil einlegen oder einziehen,

(2) Gurtschieber nach rechts stellen,

(3) Deckel schließen.

Nicht versuchen zu sichern (Sicherungsflügel bleibt vorn).

Zum Feuern braucht dann nur im Anschlag das Schloß mit dem Spannschieber zurückgezogen*) und **der Spannschieber wieder nach vorn geschoben** zu werden. **Vor dem Vorschieben des Spannschiebers hat der Schütze darauf zu achten, daß das Schloß vom Abzugstollen festgehalten wird.**

Vorbereiten des le.M.G. 42 zur schnellen Feuerbereitschaft.

Schütze 1 hat nach dem Freimachen des Geräts das le.M.G.42 zum Laden, zur schnellen Feuerbereitschaft vorzubereiten.

Das Laden des le.M.G. 42 ist wie folgt vorzubereiten:

(1) Schütze 1 öffnet den Deckel.

(2) Er prüft, ob die Schließfeder entspannt, der Schlagbolzen vorn und das Schloß in vorderster Stellung ist. Das ist der Fall, wenn der Rollenbolzen (Gleitrolle) zum Betätigen des Transporthebels am Schloßgehäuse mit seinem vordersten Teil am Zuführerunterteil abschneidet.

(3) Er hängt die Gurttrommel an.

(4) Er legt den Gurt (mit drei leeren Taschen am Anfang) so in den Zuführerunterteil ein, daß die erste Patrone **nicht ganz über die Schloßbahn, sondern**

---

*) Auf die Fußnote Seite 89 wird hingewiesen.

unmittelbar links neben die Schloßbahn zu liegen kommt (etwa 1 cm links vom Anschlag).

(5) Er stellt den Transporthebel **ganz nach links** und schließt den Deckel.

2. Entladen

a) nach dem Schießen mit Gurtzuführung.

(1) Aus der Gurttrommel 34.

Auf „Entladen!" zieht der Schütze den Spannschieber zurück und sichert. Dann legt er das Stangenvisier um, öffnet den Deckel, nimmt den Gurt aus dem M.G. und hakt mit der linken Hand die Gurttrommel aus. Er überzeugt sich, daß der **Lauf frei ist,** erforderlichenfalls unter Hochheben des Zuführerunterteils. Dann entsichert er und läßt mit zurückgezogenem Abzug das Schloß erst langsam, dann **schneller** nach vorn gleiten, **überzeugt sich, ob das Schloß entspannt ist,** und schließt den Deckel.

Das Schloß ist entspannt, wenn der Schlagbolzen nicht mehr vom Stützhebel festgehalten wird, sondern mit seiner Spitze vorn aus dem Verschlußkopf herausgetreten ist. Dieses ist eingetreten, wenn

die hintere Kante der dreieckigen Ansätze hinten am Schloßgehäuse mit dem Einstrich des Auswerferanschlages **abschneidet** (Bild 33).

(2) Aus dem Patronenkasten.

Wie zu (1). Das Aushaken der Gurttrommel entfällt

b) nach dem Schießen aus der Patronentrommel 34.

(nur bei M.G. 34)

Der Schütze löst die Sperre und hebt die Trommel ab. Die weiteren Ausführungen sind die gleichen wie beim Entladen nach dem Schießen aus dem Patronenkasten.

Nach jedem Entladen — sowohl nach dem Schießen mit Gurtzuführung als auch nach dem Schießen mit Trommelzuführung — meldet der Schütze seinem Gewehr-

(Gruppen)führer: „Entladen!" „Lauf frei!" „Schloß entspannt!" Nach dem Entladen des M.G. 42 ist statt „Schloß entspannt!" zu melden „Schlagbolzen vorn!"

Nach Beendigung jeder Gefechtsübung, bei der mit scharfen Patronen oder Platzpatronen geschossen wurde, meldet der Gruppenführer dem Leitenden bzw. Zugführer: „Entladen!" „Lauf frei!" „Schloß entspannt!"

Beim Schießen auf dem Schießstand ist außerdem das Gehäuse bzw. der Mantel wie beim Laufwechsel auszuschwenken.

3. Sichern und Entsichern.

Das M.G. muß, wenn das Schloß zurückgezogen ist und nicht sofort geschossen wird, stets gesichert sein.

Das Sichern und Entsichern erfolgt mit der linken Hand.

a) M.G. 34

Der Schütze schwenkt zum Sichern den Sicherungsflügel mit Knopf auf „F" (nach hinten) und zum Entsichern auf „S" (nach vorn). Der Zeigefinger der rechten Hand darf dabei nicht in den Abzugbügel greifen.

Das Sichern, d. h. das Herumschwenken des Sicherungsflügels auf „F" (nach hinten), darf nur erfolgen, wenn sich das Schloß hinten befindet.

b) M.G. 42

Zum Sichern erfaßt der Schütze mit vier Fingern der rechten Hand das Griffstück. Der Zeigefinger darf dabei nicht in den Abzugbügel greifen. Dann drückt er mit dem Zeigefinger der rechten Hand den Sicherungsbolzen so weit nach links, bis das „S" am Bolzen sichtbar wird. Zum Entsichern drückt er den Bolzen mit dem Daumen der rechten oder linken Hand so weit nach rechts, bis das „E" sichtbar ist.

Bild 34. Ausrasten der Gehäusesperre zum Laufwechsel beim le.M.G.

7*

Bild 35. Einschieben des neuen Laufes beim Laufwechsel beim le.M.G.

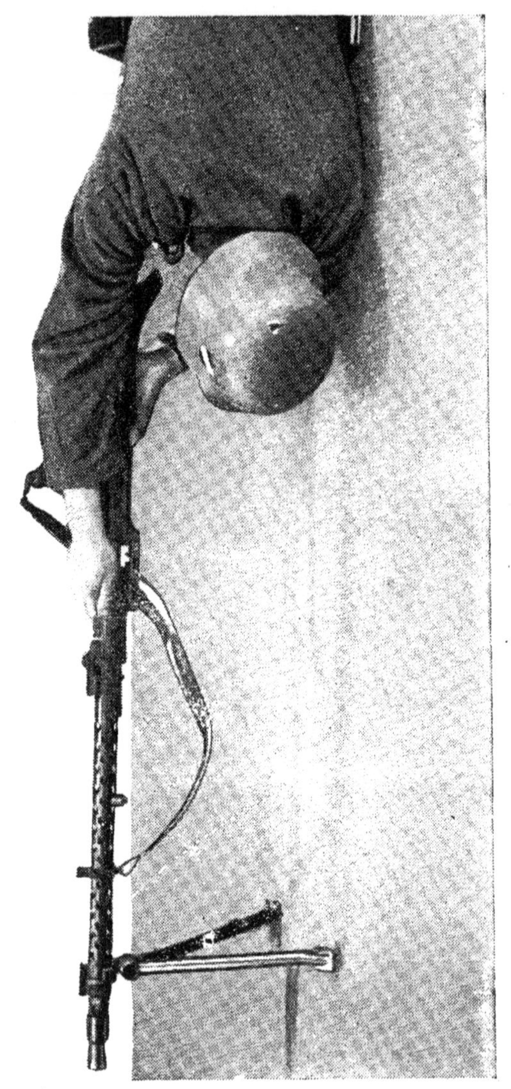

IV. Auswechseln von Teilen.

1. Laufwechsel.

Der Lauf muß **grundsätzlich** nach 200 (250)*) rasch aufeinanderfolgenden Schüssen gewechselt werden. Eine Abgabe von mehr als 250 Schuß in ununterbrochener Folge aus einem Lauf ist verboten. (Beim M.G. 42 ist der Laufwechsel bereits nach 150 Schuß vorzunehmen.)

Vor dem Laufwechsel sind das Schloß sowie der Spannschieber in die hinterste Stellung zu bringen, das M.G. so weit zurückzuziehen, als es die Stellung des Zweibeins zuläßt, und das M.G. zu sichern.

a) beim le.M.G.

(1.) Lauf herausnehmen (Bild 34).

Die rechte Hand umfaßt das Griffstück.

Die linke Hand erfaßt den Mantel unterhalb des Stangenvisiers und drückt mit dem Daumen den vorderen Teil der Gehäusesperre so weit als möglich gegen den Mantel.

Die rechte Hand schwenkt das Gehäuse, Mündung etwas angehoben, nach rechts, bis der Lauf frei zurückgleitet. Erforderlichenfalls kann er mit dem Einsteckende etwas zurückgezogen werden.

Der heißgeschossene Lauf wird mit dem Handschützer aus dem Mantel gezogen und in den geöffneten Laufschützer gelegt.

(2.) Lauf einsetzen.

Während die rechte Hand den Lauf in den Mantel einführt, hebt die linke Hand das M.G. am Kolben etwas an.

---

*) Beim Zerfallgurt nach 200 Schuß, beim zusammenhängenden Gurt (Patronengurt 33) nach 250 Schuß.

Laufwechsel beim s.M.G.

Bild 36. Erfassen des Laufes mit dem Handschützer.

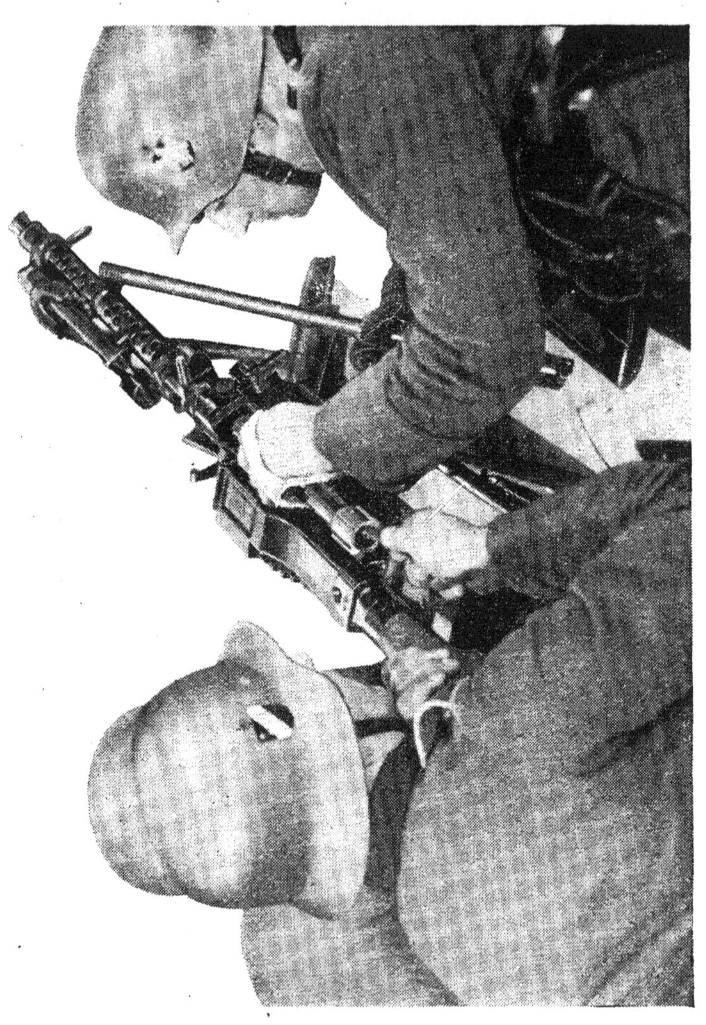

Bild 37. Einführen des neuen Laufes beim s.M.G.

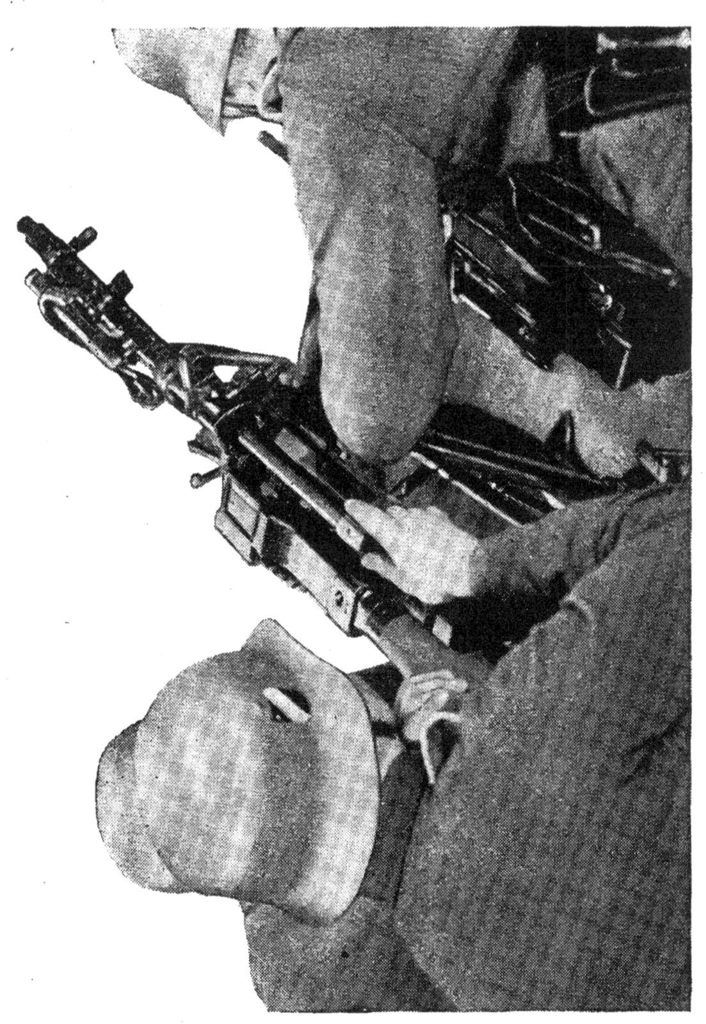

Die rechte Hand schiebt dann den Lauf so weit in den Mantel, bis der hinterste Teil mit dem Verbindungsstück abschneidet (Bild 35).

Beide Hände schwenken das Gehäuse (unter Anheben des M.G. über die waagerechte Lage) scharf nach links und stellen das Zweibein wieder hoch.

b) beim s.M.G.

(1.) Lauf herausnehmen.

Griff des Winkelhebels am Klapplager scharf nach oben heben (dadurch wird die Gehäusesperre ausgerastet) und mit ihm den Mantel mit dem Lauf nach rechts drehen.

Mit dem Einsteckende des Patronengurtes den Lauf nach rückwärts ziehen oder durch einen Ruck an der Lafette den Lauf aus dem Mantel holen und mit dem Handschützer den heißgeschossenen Lauf erfassen und ihn völlig aus dem Mantel herausziehen (Bild 36). Der heißgeschossene Lauf wird in den geöffneten Laufschützer gelegt.

(2.) Lauf einsetzen.

Der Lauf wird so weit in den Mantel eingeführt, bis er mit der hintersten Wandung des Verbindungsstückes abschneidet (Bild 37); ein Nachfühlen mit dem Daumen zur Prüfung des richtigen Sitzes ist zweckmäßig. Dann wird der Winkelhebel des Klapplagers und mit ihm der Mantel mit dem Lauf scharf nach links gedreht (Schütze 2), bis die Gehäusesperre in die Rast am Gehäuse eingerastet ist.

2. Schloßwechsel.

(Schloß entspannt. Deckel auf. Kolben mit Bodenstück abnehmen. Schließfeder entfernen.)

Die linke Hand umfaßt das Gehäuse am hinteren Teil, so daß die hohle Hand den Abschluß des Gehäuses bildet.

Die rechte Hand zieht mit dem Griff des Spannschiebers das Schloß mit einem Ruck nach hinten. Die linke Hand fängt das Schloß in der hohlen Hand auf und zieht es heraus.

Vor dem Einsetzen des Schlosses ist darauf zu achten, daß das Schloß frei von Schmutz und Fremdkörpern (Sand usw.) ist. Das Schloß ist nicht mit sandigen Händen anzufassen. Leisten am Schloßgehäuse und Ansätze mit Rollen am Verschlußkopf müssen in einer Richtung stehen (Schloß gespannt). Der Auswerfer muß ganz nach vorn geschoben sein. Zum Einführen des Schlosses wird der Abzug zurückgezogen.

V. Verhindern von Hemmungen durch richtiges Überprüfen des M.G. beim Fertigmachen zum Schießen.

Durch genaue Kenntnis der Waffe, sorgfältiges Zurechtmachen des M.G. zum Schießen und vorschriftsmäßige Behandlung des M.G.-Geräts werden Hemmungen auf ein Mindestmaß beschränkt.

Jeder Führer und Unterführer, der mit der Verwendung des M.G. beauftragt ist, muß mit der Waffe so vertraut sein, daß er in der Lage ist, das M.G. auf seinen ordnungsmäßigen Zustand zu überprüfen. In gleicher Weise und mit derselben Selbstverständlichkeit wie der Anzug des Soldaten, Haltung, Richtung usw. bei jedem Antreten geprüft werden, muß er sich auch von dem Zustand der M.G. überzeugen können. Unterlassungen auf diesem Gebiet gehen auf Kosten der Feuerkraft der Truppe und werden mit Menschenleben bezahlt.

Nicht einwandfreies Zurechtmachen des M.G. zum Schießen hat die im nachfolgenden Abschnitt VI aufgeführten Hemmungen zur Folge, **soweit sie nicht durch die** beim längeren Schießen unvermeidbaren Brüche, natürlichen Verschleiß und Verschmutzen herbeigeführt werden.

Bild 38. Gefüllter Patronenkasten.

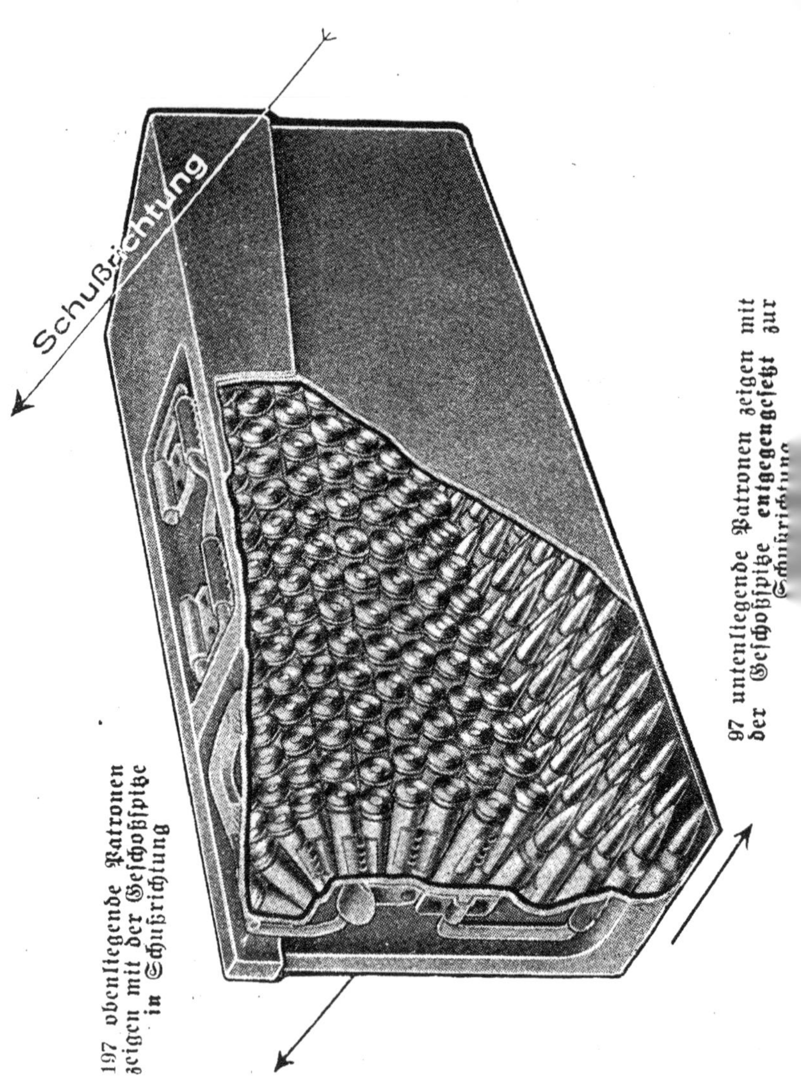

a) Munition, Gurte (Patronentrommel 34) und Patronenlager.

1) Für das Schießen mit M.G. sind nach Möglichkeit nur Patronen aus Originalpackungen zu verwenden; Patronen, die sich nicht mehr in der Originalpackung befinden, werden zweckmäßig nur aus dem Gewehr verschossen.

2) Verbeulte Patronen, Patronen mit eingedrückten Geschossen, verrosteten oder schmutzigen Hülsen dürfen nicht gegurtet werden.

3) Jeder Gurt muß vor dem Füllen auf Beschädigungen nachgesehen werden (Gurte mit verbogenen Krallen, gerissenen Taschen usw. sind nicht zu verwenden). Schmutzige und verrostete Taschen müssen gereinigt werden.

4) Vor dem Füllen des Patronengurtes müssen innen die Taschen **sauber** sein und hauchartig eingeölt werden **(Gurte außen und Patronen selbst nicht einölen)**.

5) Bei den Gurten, die längere Zeit im gefüllten Zustand gelagert werden müssen, empfiehlt es sich, die Gurtteile zu paraffinieren.

6) Gefüllte Gurte nachsehen auf richtigen Sitz der Patronen im Gurt, besonders der Patronen in den Verbindungsgliedern (beschädigte Patronen müssen aus dem Gurt entfernt werden). Patronenkasten und Gurttrommel dürfen nicht verbeult sein.

7) Der Patronenkasten muß mit 296 bzw. 294 Patronen gefüllt sein. Um die konische Form bei der Lagerung der Patrone im Patronenkasten auszugleichen, sind die Gurtteile wie folgt in den Kasten zu legen:

1. 2 oder 3 Gurtteile zusammenhängend mit der Geschoßspitze entgegengesetzt der Schußrichtung zeigend;
2. 3 oder 4 Gurtteile zusammenhängend mit der Geschoßspitze in die Schußrichtung zeigend (Bild 38);

3. Zum Nachfüllen der Gurttrommeln beim le.MG. sind die Gurtteile folgendermaßen im Patronenkasten zu lagern:

a) Unten: 2 oder 3 Gurtteile mit den Geschoßspitzen entgegengesetzt zur Schußrichtung;

b) Oben: 3 oder 4 Gurtteile mit den Geschoßspitzen in die Schußrichtung.

Befinden sich an den Gurtteilen keine Einführstücke, so sind an beiden Teilen am Anfang 2 bis 3 Taschen und am Ende 1 Tasche frei zu lassen. Dieses erleichtert das Einlegen des Gurtes in den Zuführerunterteil sowie das Schließen des Deckels und verhindert ein Hängenbleiben des Gurtes vor dem letzten Schuß.

8) Die Patronengurte müssen so gefüllt und so im Patronenkasten (Gurttrommel) lagern, daß der Schütze im Gefecht ohne Schwierigkeiten (ohne Nacharbeiten) laden kann.

9) Die Patronentrommel 34 darf nicht verbeult und die Lippen nicht verbogen sein. Die Federspannung muß die richtige Einstellung haben. Die Federspannung ist richtig, wenn sich die erste Patrone leicht mit der Hand aus der Patronentrommel schieben läßt. Erforderlichenfalls ist die Trommel mit weniger als 75 Patronen zu füllen. Es ist besser, eine geringere Patronenzahl ohne Hemmung zu verschießen, als die Trommel mit 75 Patronen zu füllen und dabei Gefahr zu laufen, Hemmungen zu bekommen. Vor dem Aufsetzen der Trommel empfiehlt es sich, die erste Patrone etwa ½ cm vorzuschieben.*)

10) Lauf nachsehen, ob die Mündung nicht bestoßen, **Patronenlager** und Verriegelungsstück sauber sind, auch bei den Vorratsläufen.

---

*) **Das Füllen der Patr.-Trommeln 34 hat mit besonderer Sorgfalt zu erfolgen. Ihre Verwendung kommt nur noch in einigen Pz.-Wagen in Frage.**

b) Lagerung und Führung des Laufes.

M.G. 34

1) Den Rückstoßverstärker abschrauben und auf **Sauberkeit nachsehen (besonders die Düse).** An den Stellen, die dem Lauf seine vordere Lagerung und Führung in der Rückstoßhülse geben, darf sich **kein Schmutz (Rückstände)** befinden. Der Rückstoßverstärker muß fest eingeschraubt sein und von der Sperre zuverlässig gehalten werden.

2) Die einwandfreie Lagerung und Führung des Laufes im Mantel prüfen. Dazu beim M.G. 34 den Lauf bei ausgeklapptem Mantel bzw. Gehäuse mehrmals zurückziehen und vorschieben.

3) Beim Pl.-Patr.Ger. prüfen, ob das Einsatzstück sich zwanglos in der Muffe bewegen läßt.

4) Das zwanglose Arbeiten der Vorholstange prüfen, indem die Federung der Vorholstange mit einer Exerzierpatrone oder einem Stück Holz durch Zurückdrücken und Loslassen untersucht wird. Das Überprüfen der Vorholeinrichtungen beim M.G. 42 wird mit der Überprüfung der Lagerung und Führung des Laufes vorgenommen.

M.G. 42

1) An dem Lauf im M.G. und an den Vorr.-Läufen darf die Mündung nicht bestoßen sein. **Ganz besonders ist auf Sauberkeit des Patronenlagers und des Verriegelungsstückes zu achten.**

2) Zur Prüfung der Lagerung und Führung des Laufes im M.G. das Schloß mit dem Spannschieber in die hinterste Stellung zurückziehen, der Rückstoßverstärker mit Mündungsfeuerdämpfer (Mündungsbremse) abschrauben, dann den Lauf (Laufhülse) mit dem Handballen oder dem Daumen mehrmals zurückdrücken und wieder vorlassen. Die Lagerung und Führung des Laufes sind richtig, wenn das Zurück-

drücken ohne Reibung erfolgt und die Vorholeinrichtung den Lauf sofort wieder nach vorn bringt.

3) Die Pulverrückstände an der Laufhülse und am Rückstoßverstärker mit Mündungsfeuerdämpfer (Mündungsbremse) müssen öfters mit Hilfe von Petroleum entfernt werden. Anwendung scharfer Gegenstände (Schraubenzieher oder Messer) ist verboten.

4) Der Rückstoßverstärker mit Mündungsfeuerdämpfer (Mündungsbremse) muß fest in das Gehäuse eingeschraubt und durch die Sperre zuverlässig gehalten werden.

Beim Einsetzen des Laufes ist darauf zu achten, daß die Laufhülse eingesetzt ist.

c) Lagerung, Führung und Arbeitsleistung des Schlosses (einschließlich Abzugvorrichtung und Zuführer).

M.G. 34

1) Das Schloß prüfen auf:

a) Gängigkeit im Gehäuse (durch mehrmaliges Vorgehenlassen und Zurückziehen prüfen, ob es sich zwanglos bewegen läßt),

b) Federung und Abnutzung des Ausstoßers,

c) unbeschädigte Ansätze und gängige Rollen,

d) unbeschädigte Verriegelungskämme,

e) **einwandfreies Arbeiten des Stützhebels.** Er muß den Schlagbolzen bei Beginn der Drehung des Verschlußkopfes richtig zurückhalten (Schlagbolzenmutter muß **ganz** eingeschraubt sein),

f) unbeschädigtes Schloßgehäuse (Rampe, Schrägflächen, Führungsleisten),

g) einwandfreies Arbeiten des Schlagbolzens. Er muß beim entspannten Schloß mit seiner Spitze richtig am Verschlußkopf vorstehen. Die Schlagbolzenspitze muß frei von Grat und darf nicht verbogen sein,

h) Spannkraft der Schlagbolzenfeder; auf den Schlagbolzen aufgestreift, soll sie diesen um mindestens zwei Gewindegänge überragen,

i) ordnungsmäßigen Sitz des Federlagers,

k) ordnungsmäßiges Arbeiten des Ausziehers und Auswerfers (Kante und Abflachung am hinteren Teil des Auswerfers nachsehen).

2) Den Auswerferanschlag am Gehäuse nachprüfen, ob er nicht abgenutzt oder locker ist (mit Exerzierpatronen laden und entladen; dabei sich überzeugen, ob die Exerzierpatrone [Hülse beim Schießen] scharf nach unten ausgeworfen wird). — Ebenso sind die Vorratsteile (Lauf und Schloß) zu prüfen.

3) Schließfeder nachsehen, ob sie genügend Spannkraft hat. (Beim Zurückziehen des Schlosses mit dem Spannschieber muß ein erheblicher, ständig zunehmender Druck festgestellt werden.) Sie muß mindestens die Länge vom hinteren Teil des Gehäuses bis über den Einschub für die Mittelunterstützung haben.

4) Den Abzughebel nachsehen, ob er nicht klemmt, ob der Abzugstollen das Schloß einwandfrei zurückhält und beim Zurückziehen des Abzuges richtig losläßt.

5) Prüfen der Teile im Zuführeroberteil (Zubringerhebel, Gurthebel, Druckhebel, Transportstange usw.).

6) Der Ansatz an der Verschlußsperre darf nicht abgenutzt sein. Die Verschlußsperre muß bei hergestellter Verriegelung des Laufes durch den Verschlußkopf zuverlässig über den Ansatz mit Rollen treten. Auch darf sie in ihrer Bewegung durch Schmutz usw. nicht gehemmt werden. Fehlerhaftes Arbeiten der Verschlußsperre führt zu Versagern und Bodenreißern.

7) Kurz vor dem Einsatz sind die beweglichen Teile mit Waffenschmieröl einzuölen. Wird noch das M.G.-Öl bisheriger Art verwendet, sind sie auch leicht mit Schwefelblüte zu bestreuen, und zwar:

Verriegelungsstück des Laufes (nur außen),

Schloß,
Zuführeroberteil (nur ölen),
Vorholstange und
Transporthebel.

M.G. 42

1) Das Schloß, das ins M.G. eingesetzt wird und die Vorratsschlösser sind auf Gängigkeit im Gehäuse und auf einwandfreies Verriegeln des Laufes zu überprüfen.

2) Die Verriegelungsrollen, die an Stelle der Verriegelungskämme getreten sind, müssen leicht gängig und dürfen nicht bestoßen sein.

3) Der Ausstoßeransatz darf an seinem vorderen Teil nicht abgenutzt oder bestoßen sein.

4) Einwandfreies Arbeiten des Schlagbolzens. Er muß mit seiner Spitze richtig am Verschlußknopf vorstehen. Die Schlagbolzenspitze muß frei von Grat und darf nicht verbogen sein.

5) Der Auszieher muß die Patrone richtig erfassen und darf an der Kralle nicht ausgebrochen sein.

6) Die Führungsnuten und Leisten am Verschlußkopf und Schloßgehäuse müssen frei von Grat und dürfen nicht bestoßen sein.

7) Der Auswerfer muß, wenn er ganz nach vorn gestoßen ist, mit der Stirnwand des Verschlußkopfes abschneiden. Die Auswerferstange darf vorn nicht verbogen oder angestaucht sein.

8) Der Ansatz am Schloßgehäuse zum Zurückhalten des Schlosses durch den Abzugstollen darf nicht abgenutzt sein. Die Führungsleisten rechts und links am Schloßgehäuse dürfen nicht bestoßen sein.

9) Die Schließfeder hat noch eine genügende Spannkraft, wenn sie vom hinteren Teil des Gehäuses bei abgenommenem Kolben mit Bodenstück bis an die vordere Kante des Zuführerunterteils reicht.

10) Am vorderen und hinteren Teil der Schließfeder müssen die gedrillten Teile einwandfrei zusammenhalten.

d) Schießgestelle.

1) Bei der M.G.-Lafette ist darauf zu achten, daß sich die Richtvorrichtung auf der Gleitbahn zwanglos, aber ohne viel Spielraum nach der Seite bewegen läßt.
2) Die Zähne an den Flügelschrauben und der Unterlafette zum Festhalten der Hinterstützen und Mittelstrebe müssen richtig in die Rasten bzw. Kämme eingreifen.
3) Die Gängigkeit des Gewehrträgers in der Wiege, der richtige Abstand vom Anschlag am Gewehrträger und Ansatz an der Tiefenfeuereinrichtung (5—7 mm) und das zuverlässige Arbeiten der selbsttätigen Tiefenfeuereinrichtung sowie der Abzugsvorrichtung ist zu prüfen.

VI. Maßnahmen beim Auftreten von Hemmungen

Zu Beginn des Schießens dürfen Hemmungen nicht auftreten; sie fallen stets dem Schützen zur Last (ungenügendes Fertigmachen des M.G. zum Schießen usw.).

Während des Schießens können Hemmungen ohne Schuld des Schützen eintreten durch:

a) Verschmutzen der Waffe,
b) Abnutzung, Beschädigung oder Bruch einzelner Teile,
c) Lahmwerden oder Brechen von Federn.

Unterbricht das M.G. beim Schießen ohne Einwirkung des Schützen die Feuertätigkeit, **so läßt der Schütze den Abzug los, zieht mit der rechten Hand das Schloß mit dem Spannschieber so weit zurück, bis es vom Stollen des Abzughebels festgehalten wird und**

s i c h e r t ! (Es darf erst gesichert werden, wenn das Schloß in der hintersten Stellung ist.) Wird das Schloß nicht vom Abzugstollen gehalten, so muß der Spannschieber mit der rechten Hand festgehalten und der Deckel mit der linken Hand geöffnet werden.

B e i m Z u r ü c k z i e h e n d e s S p a n n s c h i e b e r s h a t d e r S c h ü t z e (soweit möglich) d a r a u f z u a c h t e n , ob

a) **eine Patrone,**
b) **eine Hülse oder**
c) **nichts**

aus der Auswurföffnung ausgeworfen wird.

Zu a) Hat der Schütze beim Zurückziehen des Schlosses mit dem Spannschieber **einwandfrei** festgestellt, daß eine Patrone ausgeworfen worden ist, so kann er versuchen, weiterzuschießen.

Zu b u. c) Fällt aber beim Zurückziehen des Schlosses eine Hülse aus dem M.G., oder wird nichts ausgeworfen, so

darf der Schütze auf keinen Fall versuchen, weiterzuschießen, sondern

sichert,
öffnet mit der linken Hand den Deckel,
nimmt den Gurt aus dem Zuführerunterteil,
sieht nach, ob eine Patrone im vorderen Teil des Gehäuses oder im Lauf zurückgeblieben ist, erforderlichenfalls ist der Zuführerunterteil hochzuklappen.

Befindet sich **eine Patrone** im vorderen Teil des Gehäuses, so ist sie so rasch wie möglich zu entfernen. Ist die Patrone aber schon im Lauf (Patronenlager), so schließt der Schütze den Deckel und läßt das Schloß (ohne eingelegten Gurt) nach vorn schnellen. Geht der Schuß **ausnahmsweise** nicht los, so ist, um eine Selbstentzündung der Patrone in dem heißgeschossenen Lauf, bei geöffnetem Verschluß, zu verhindern, das Schloß beim Schul- und Gefechtsschießen drei Minuten in der vordersten Stellung zu belassen. Hat sich nach kurzer Zeit der Schuß nicht gelöst, so sind Schloß und Lauf zu wechseln. **Niemals darf der heißgeschossene Lauf mit einer scharfen Patrone im Patronenlager sofort gewechselt werden.** Die im Lauf steckengebliebene Patrone ist vom Waffenmeistergehilfen zu entfernen.*)

Ist keine scharfe Patrone im Lauf, sondern **eine Hülse** steckengeblieben (Hülsenklemmer), so ist nach dem Öffnen des Deckels die auf die Hülse aufgestoßene Patrone zu entfernen **und der Lauf zu wechseln.** Die im Patronenlager steckengebliebene Hülse ist so bald wie möglich mit Hilfe des Hülsenausziehers zu entfernen. Ist kein Hülsenauszieher vorhanden, so ist die Hülse durch den Waffenmeister auszuziehen (auszustoßen). Es empfiehlt sich, nach dem Entfernen der Hülse aus dem Lauf das Patronenlager gründlich zu reinigen.

Der Richtschütze muß bestrebt sein, bei auftretenden Hemmungen das M.G. so schnell wie möglich wieder zum Schuß zu bringen.

Bei technisch komplizierten Waffen (M.G. 08) hat nahezu jede Hemmungsursache ihr eigenes Merkmal. Bei technisch einfachen Waffen (M.G. 34 und M.G. 42) haben mehrere Ursachen dieselbe Erscheinung.

Die Feststellung der Ursache von Hemmungen kommt daher beim M.G. 34 und M.G. 42 erst an zweiter Stelle.

Werden bei Hemmungen infolge Bruchs oder Beschädigung Teile des M.G. oder M.G.-Zubehörteile (Schloß, Patronengurt, Patronentrommel usw.) durch Vorratsstücke ersetzt, so sind die ausgewechselten Teile bei der nächsten sich bietenden Gelegenheit möglichst wieder gebrauchsfähig zu machen oder zu ersetzen.

*) Um auch bei Nacht in jedem Falle ein Aufeinanderladen (explosionsartige Erscheinung) beziehungsweise Nebeneinanderladen zu verhindern, empfiehlt es sich, bei herausgenommenem Gurt und geschlossenem Deckel das Schloß nach vorn schnellen zu lassen.

8*

VII. Häufigste Hemmungen, deren Erkennen und Beseitigen.

beim M.G. 34 und M.G. 42

Abhilfe	Ursache	Folgen
1. Zustand der Waffe: Schloß mit Patrone in der Vorwärtsbewegung stehengeblieben. Eine Hülse ist im Hülsenauswurf gefangen (Hülsenfänger).		
a) beim M.G. 34 Schloß mit Spannschieber zurückziehen — die festgeklemmte **Hülse** fällt ab — sichern, Deckel auf. Gurt herausnehmen, die vom Schloß mit nach vorn genommenen und im Gehäuse liegengebliebenen Patronen entfernen bzw. bei geschlossenem Deckel abschießen, laden, weiterschießen. Tritt Hemmung wiederholt auf,		
Schloßwechsel,	Auswerfer abgenutzt	Auswerfer läuft nicht scharf gegen Auswerferanschlag an. Hülse wird nicht ausgestoßen, sondern nur **abgelegt.**

erforderlichenfalls auch **Laufwechsel**.	Verschmutztes Patronenlager.	Hülse klemmt im Patronenlager. Rückstoßkraft wird durch die festsitzende Hülse zu stark beansprucht. Schloß wird nicht kräftig genug zurückgeworfen. Infolgedessen läuft Auswerfer nicht scharf gegen den Auswerferanschlag an. Die Hülse wird nicht ausgestoßen, sondern nur abgelegt.
Wird Hemmung nicht vollständig beseitigt, dann nächste sich bietende Gelegenheit zur Überprüfung des M.G. durch Wffmstr. benutzen.	Auswerferanschlag abgenutzt, oder	wie bei Ursache „Auswerfer abgenutzt".
b) beim M.G. 42 Spannschieber zurück. Deckel auf. Gurt heraus. Schloß an dem Rollenbolzen (Gleitrolle) zur Betätigung des Transporthebels festhalten, dann den Spannschieber so lange vor- und zurückbewegen bis die Hülse herausfällt. Laden und weiterschießen. Wenn Hemmungen sich wiederholen: (1) Schloßwechsel, (2) dann Laufwechsel.	Lauf klemmt im Mantel durch verbogenen Mantel oder beschädigtes Lauflager im Verbindungsstück bzw. verschmutzte Rückstoßhülse oder Vorholstange arbeitet fehlerhaft.	Rückstoßkraft wird vom Lauf oder von der Vorholstange zu stark beansprucht. Schloß wird nicht kräftig zurückgeworfen. Infolgedessen läuft der Auswerfer nicht scharf genug gegen den Auswerferanschlag an. Hülse wird nicht ausgestoßen, sondern nur abgelegt.

Abhilfe	Ursache	Folgen
2. Zustand der Waffe: Schloß mit einer Patrone in vorderster Stellung stehengeblieben (sogenannter Versager).		
Schloß mit Spannschieber zurückziehen, sichern. Wird einwandfrei festgestellt, daß **eine Patrone** ausgeworfen wurde, weiterschießen.		
Tritt die Hemmung wiederholt auf, zunächst		
Schloßwechsel.	Schlagbolzenfeder lahm, **oder** Schlagbolzenspitze abgenutzt, gebrochen.	Schuß geht nicht los.
Wird Hemmung nicht vollständig beseitigt,		
Gurtwechsel, sonst	Patrone verbeult oder beschädigt.	**Schloß wird** nach erfolgter Verriegelung nicht in vorderster

nächste sich bietende Gelegenheit zum Überprüfen des M.G. durch den Wffmstr. benutzen.	Verschlußsperre abgenutzt.	Stellung festgehalten, sondern prallt zurück, Schlagbolzen kann Zündhütchen **nicht mehr** richtig anschlagen. Ist die Verschlußsperre abgenutzt, wechseln oft Versager mit Bodenreißern ab.

3. **Zustand der Waffe: Schloß bleibt in der Vorwärtsbewegung stehen. Eine scharfe Patrone und eine Hülse befinden sich im vorderen Teil des Gehäuses.**

M.G. 34		
Schloß mit Spannschieber zurückziehen — es wird **nichts** ausgeworfen — sichern. Deckel auf, Patrone und Hülse entfernen, **Schloßwechsel.**	Auswerfer stark abgenutzt oder gebrochen.	Auswerfer gleitet unter dem Auswerferanschlag hinweg. Hülse wird nicht ausgestoßen, sondern zusammen mit der nächsten Patrone in **den vorderen** Teil des Gehäuses mitgenommen.
Bei erneutem Auftreten der Hemmung nächste sich bietende Gelegenheit zum Überprüfen des M.G. durch Wffmstr. benutzen.	Auswerferanschlag lose oder stark abgenutzt.	Abhilfe: M.G. 42 1) Spannschieber zurück. 2) Sichern, Deckel auf, Gurt heraus. 3) M.G. solange rütteln, bis Hülse oder Patrone herausfällt. (Versuche, die Hülse oder Patrone mit dem Einsteckende oder mit einem anderen Gegenstand herauszubringen, sind zwecklos). 4) Laden, weiterschießen. Bei erneutem Auftreten: Schloßwechsel
M.G. 42 (Text nebenstehend)		

Abhilfe	Ursache	Folgen
4. Zustand der Waffe: Schloß bleibt mit Patr. in der Vorwärtsbewegung stehen. Hülse steckt im Patronenlager (Hülsenklemmer). Patrone ist auf die Hülse aufgestoßen.		
Schloß mit Spannschieber zurückziehen — es wird **nichts** ausgeworfen — sichern, entladen. **Laufwechsel,** laden, weiterschießen.	Stark verschmutztes Patronenlager.	Hülse im stark verschmutzten Patronenlager festgeklemmt. Auszieher springt von der Ausziehrrille ab. Die neue Patrone stößt auf die im Patronenlager steckengebliebene Hülse auf.
Tritt Hemmung erneut auf,		
Schloßwechsel.	Auszieher abgenutzt	Hülse wird nicht ausgezogen.
5. Zustand der Waffe: Schloß ist nur wenig nach vorn gegangen. Patrone wurde nicht aus dem Gurt gestoßen.		
Schloß mit Spannschieber zurückziehen — es wird **nichts** ausgeworfen — sichern. Deckel auf, Gurt herausnehmen.	Patrone sitzt zu fest im Gurt oder Tasche verbogen	Kraft der Schließfeder reicht nicht aus, die Patrone aus dem Gurt nach vorn zu stoßen.

Patrone aus dem Gurt entfernen. Laden, weiterschießen.	oder	
Deckel auf, Gurt herausnehmen, 2 Patronen entfernen. Laden, weiterschießen.	Verbindungsglied falsch zusammengesetzt.	
Tritt Hemmung erneut auf, Gehäuse reinigen und ölen.	Schloßbahn und Gehäuse verschmutzt, versandet (Staubschutzdeckel war nicht geschlossen)	Schloßgang beeinträchtigt.
	oder	
Schloßwechsel,	Stift am Schloß lose oder gebrochen oder Auswerfer verbogen,	wie vor.

Abhilfe	Ursache	Folgen
6. Zustand der Waffe: Schloß ist nur wenig nach vorn gegangen. Patrone ist mit der Spitze gegen den Zuführerunterteil gestoßen.		
Schloß mit Spannschieber zurückziehen — es wird **nichts** ausgeworfen — sichern, Deckel auf,	Vorderer Druckhebel lahm.	Die Patrone wird nicht gleichmäßig nach unten gedrückt.
Patrone entfernen, weiterschießen (wenn möglich, den Gurt nach rechts etwas anziehen). Wenn vorhanden, Zuführeroberteil auswechseln, sonst nächste sich bietende Gelegenheit benutzen, Zuführeroberteil durch Wffmstr. auszuwechseln.	Vorderer oder hinterer Gurthebel lahm.	Patrone wird schief in die Schloßbahn gebracht und vom Patronenanschlag des Zuführerunterteils beschädigt.
7. Zustand der Waffe: Schloß ist nur wenig nach vorn gegangen. Patronengurt eckt an beim Einlauf in den Zuführerunterteil.		
Schloß mit Spannschieber zurückziehen — es wird **nichts** ausgeworfen —, sichern, Deckel auf, Gurt entnehmen. Sitz der Patrone im Gurt berichtigen, weiterschießen.	Patrone sitzt im Gurt zu weit vor oder zu weit zurück.	Patrone bleibt im Einlauf des Zuführers hängen, Gurt eckt, dadurch wird die vorhergehende Patrone schief in die Schloßbahn gebracht.

8. **Zustand der Waffe: a) Schloß ist, ohne eine Patrone mitzunehmen, nach vorn gegangen. — Im Gurt ist eine Patrone über der Schloßbahn.**

Schloß mit Spannschieber zurückziehen — es wird nichts ausgeworfen —, sichern, Deckel auf, entladen, **Schloßwechsel,** weiterschießen.	Ausstoßer abgenutzt oder gebrochen, Feder zum Ausstoßer lahm.	Patrone wird nicht aus dem Gurt gestoßen, Schloß geht ohne Patrone nach vorn.

b) **wie vor, jedoch im Gurt ist keine Patrone über der Schloßbahn.**

Wenn vorhanden, Zuführeroberteil auswechseln, sonst versuchen, durch Anziehen des Gurtes (nach rechts) weiterzuschießen. Nächste sich bietende Gelegenheit benutzen, Zuführeroberteil durch Wffmstr. auszuwechseln.	Zubringefeder lahm oder Zubringer abgenutzt.	Patronengurt wird nicht weitergeschoben, weil der Zubringer über die nächste Patrone hinweggleitet.
	Beide Gurthebel lahm.	Der Patronengurt wird nicht festgehalten, er gleitet zurück.

c) **Schloß ist unter der Patrone festgeklemmt.**

	Beide oder hinterer Druckhebel lahm.	Der Patronengurt wird nicht heruntergedrückt, sondern weicht nach oben aus, so daß der Ausstoßer die Patrone nicht erfassen kann.

Abhilfe	Ursache	Folgen
9. Merkmal: Schloß wird beim Loslassen des Abzuges nicht zurückgehalten. M.G. schießt unbeabsichtigt weiter.		
a) Zur Unterbrechung der Feuertätigkeit: Gurt festhalten, Deckel auf.	Abzug verschmutzt	Abzugstollen wird festgeklemmt und tritt nicht in die Kammerbahn.
b) Zum Weiterschießen: Schloß in vorderster Stellung belassen, Gurt einlegen, Deckel schließen, Schloß mit Spannschieber zurückziehen und loslassen. Die nächste Gelegenheit (Feuerpause) zum Reinigen des Abzuges bzw. Überprüfen durch den Wffmstr. benutzen.	oder Rast am Schloßgehäuse bzw. Kante des Abzugstollens abgenutzt.	Rast am Schloßgehäuse gleitet über den Abzugstollen hinweg.
10. Zustand der Waffe: Schloß wird vom Spannschieber nicht zurückgenommen oder Spannschieber läßt sich nicht zurückziehen.		
Deckel auf, Gurt aus dem Zuführerunterteil nehmen. Schloß mit einem Stück Holz oder mit dem Zuführerunterteil an den	Mitnehmer gebrochen.	Spannschieber nimmt das Schloß nicht mit zurück.

Ansätzen am Schloßgehäuse zurückziehen. Laden, weiterschießen. Nächste sich bietende Gelegenheit zur Instandsetzung durch Wffmstr. benutzen.	Spannschieber verbogen.	Spannschieber läßt sich nicht zurückziehen.

11. Merkmal: Ein Teil der Pulvergase schlagen nach hinten heraus (Bodenreißer).

Lauf- und Schloßwechsel. Reste der gerissenen Hülse oder gebrochener Schloßteile usw. entfernen, weiterschießen. Nächste sich bietende Gelegenheit zur Überprüfung des M.G. durch Wffmstr. benutzen.	Fehlerhaftes Arbeiten der Verschlußsperre.	Schloß beginnt die Rückwärtsbewegung, ehe das Geschoß den Lauf verlassen hat. Hülse wird vom Gasdruck aus dem Patronenlager herausgedrückt. Es entstehen Bodenreißer. Meist wird auch der Auszieher und der Ausstoßer herausgedrückt.
	Schlagbolzenmutter nicht genügend eingeschraubt, oder Nase am Stützhebel bzw. Bund des Schlagbolzens abgenutzt.	Stützhebel tritt nicht vor Bund des Schlagbolzens. Schlagbolzen wird frei, ehe Patrone ganz in das Patronenlager eingeführt. Es entstehen Bodenreißer.

Abhilfe	Ursache	Folgen
12. Zustand der Waffe: Verriegelung wird nicht voll durchgeführt.		
Deckel auf, Gurt herausnehmen, Laufwechsel oder Reinigen des Verriegelungsstücks.	Verriegelungsstück verschmutzt	Verriegelungskämme des Verschlußkopfes können nicht einwandfrei in die Verriegelungskämme des Verriegelungsstücks eingreifen.
oder	oder	
Lauf- und Schloßwechsel.	Fremdkörper im Verriegelungsstück.	
	Verriegelungskämme beschädigt	
Tritt Hemmung erneut auf, nächste sich bietende Gelegenheit zur Überprüfung des M.G. durch Waffenmeister benutzen.	Vorholstange arbeitet nicht einwandfrei.	

VIII. Freimachen und Anortbringen des M.G.-Geräts.

Ist das M.G.-Gerät auf Fahrzeugen (mot. oder pferdebespannt) verladen, auf Packpferden oder Tragtieren verlastet, bzw. wird es auf Fahrrädern oder Krafträdern mitgeführt, erfolgt das Freimachen des M.G.-Geräts und das Anortbringen auf Zeichen oder Befehl im Rühren.

Die Schützen entnehmen den Fahrzeugen usw. das Gerät, das sie nach der Einteilung der Bedienung (S. 68 u. 71) mitzunehmen haben.

a) vom M.G.-Wagen (If. 5)

Freimachen

Der Gewehrführer öffnet den Deckel des Munitionsbehälters am Hinterwagen und entnimmt einen Patronenkasten, öffnet dann den Behälter für den Laufschützer, entnimmt einen Laufschützer und eilt auf seinen Platz.

Schütze 1 tritt an die für seine Bedienung vorgesehene Seite des Hinterwagens, öffnet den Behälter für das Maschinengewehr und entnimmt dieses. Er klappt das Zweibein aus und setzt das Maschinengewehr 2 Schritt hinter dem Gewehrführer ab.

Schütze 2 tritt an die Hinterwand des Hinterwagens, klappt die Halterung für die Lafette ab, entnimmt die Lafette und setzt diese 2 Schritt hinter dem Maschinengewehr ab.

Die Schützen 3 und 4 entnehmen je 2 Patronenkästen aus der Vorderwand des Hinterwagens, je einen Laufschützer aus den Behältern und eilen auf ihre Plätze.

Schütze 5 tritt auf die Radachse und entnimmt zwei Patronenkästen aus den inneren Munitionsfächern des Hinterwagens oder auf besonderen Befehl 1 Patronenkasten, 2 Gurttrommeln und das Lafettenaufsatzstück. Dann schließt er sämtliche Behälter seiner Bedienung und eilt auf seinen Platz.

Die zur Fliegerabwehr in den Zwillingssockel eingelegten Maschinengewehre werden zunächst von dem im Sockel sitzenden Schützen 1 entladen. Dann bringt er die Kolben an, die ihm der Schütze 1 der anderen Bedienung und der Schütze 3 seiner Bedienung zureichen, entnimmt die Maschinengewehre der Lagerung, reicht dem Schützen 1 der anderen Bedienung dessen Maschinengewehr und springt mit seinem Maschinengewehr vom Fahrzeug.

Im übrigen verfahren die Schützen 2—5 wie oben beschrieben.

Anortbringen

Das M.G.-Gerät wird in umgekehrter Reihenfolge wie beim Freimachen auf das Fahrzeug gebracht.

Die M.G.-Bedienung tritt dann hinter dem Fahrzeug an und rührt.

b) vom If. 8

Freimachen

(1) Schützen 1 und 2 öffnen die Schnallen der Plane des Vorderkarrens.

(2) Schütze 1 ergreift das M.G. Er klappt das Zweibein aus und setzt das M.G. mit dem Zuführer in Höhe der Achse, 2 Schritt rechts des Vorderkarrens ab.

(3) Schütze 2 erfaßt die Lafette und setzt diese 2 Schritt hinter dem M.G. ab.

(4) Gewehrführer ergreift einen Patronenkasten und Laufschützer und stellt das Gerät ab.

(5) Schützen 3 und 4 entnehmen je 2 Patronenkästen und einen Laufschützer dem Vorderkarren, verschließen die Plane und eilen auf ihre Plätze.

(6) Schütze 5 öffnet die Plane des Hinterkarrens und entnimmt 2 Patronenkästen oder auf besonderen Befehl 1 Patronenkasten, das Lafettenaufsatzstück, 2 Gurttrommeln, schließt die Plane und eilt auf seinen Platz.

Anortbringen

Das M.G.-Gerät wird in umgekehrter Reihenfolge auf das Fahrzeug gebracht. Die M.G.-Bedienung tritt hinter dem Fahrzeug an und rührt.

IX. Aufstellung am freigemachten M.G.

a) am le.M.G.

Aufnehmen und Absetzen des Geräts.

Aufstellung des M.G.-Geräts:

1) Das M.G. steht bei angeklapptem Zweibein senkrecht neben dem rechten Fuß. Abzugbügel nach hinten. Der Kolben schneidet mit der Fußspitze ab. Die rechte Hand erfaßt das le.M.G. am Mantel.

2) Die Patronenkästen oder Gurttrommeln stehen eine Kastenlänge vor der Fußspitze.

3) Beim Freimachen des Geräts hängen auf den Rücken:

   a) Schütze 2 den Laufschützer,

   b) Schütze 3 das Gewehr und den Laufschützer.

4) le.M.G., Laufschützer und Gewehre der M.G.-Schützen werden beim Zusammensetzen der Gewehre abgelegt. Das Zweibein ist abzuklappen.

Auf **„Gewehr umhängen!“ („Gewehr auf den Rücken!“, „Gewehr um den Hals!“)** erfaßt Schütze 1 den Trageriemen mit der rechten Hand. Er hängt das M.G. mit beiden Händen über die rechte Schulter und legt es zurecht.

Die Schützen 2 und 3 setzen den linken Fuß einen Schritt vor und lassen sich auf das rechte Knie nieder. Sie erfassen die Patronenkästen und Gurttrommeln oder haken die Tragegurte in die Handgriffe ein. Dann stehen sie nach hinten auf und rühren.

Beim Halten wird nach dem Rühren, Fühlungaufnehmen und Ausrichten „Gewehr abnehmen!“ oder „Gerät absetzen!“ kommandiert.

Das M.G. wird mit beiden Händen von der Schulter genommen und hingestellt.

Die Schützen 2 und 3 knien nach vorn nieder und setzen die Patronenkästen und Gurttrommeln ab. Dann stehen sie nach hinten auf und rühren.

b) **am s.M.G.**

Das Antreten der M.G.-Bedienung am freigemachten s.M.G. erfolgt nach nachstehendem Bild.

Kommando: **„In Reihe antreten!"**

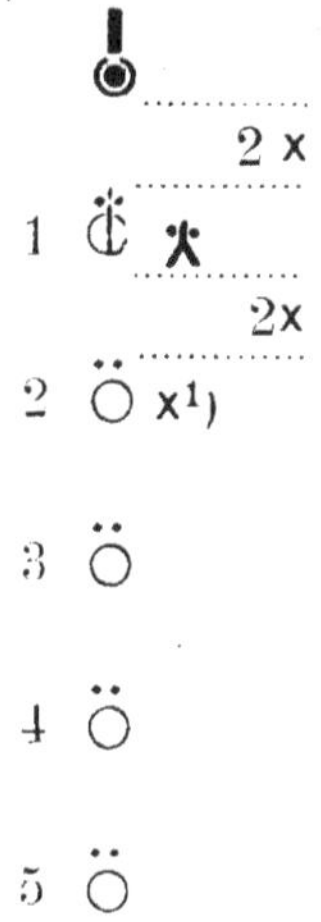

2 x

1

2x

2 x[1])

3

4

5

[1]) x = M.G.-Lafette.

Schütze 1 (Richtschütze) setzt das M.G. (Zweibein als Vorderunterstützung) einen halben Schritt rechts neben sich.

Schütze 2 legt die zusammengeklappte M.G.-Lafette (Lafettenoberteil nach oben) einen halben Schritt rechts neben sich hin.

Die M.G.-Bedienung tritt nach vorstehendem Bilde an. Das Gerät wird abgesetzt. Die M.G.-Bedienung rührt.

X. Das Tragen des M.G.-Geräts.

1. Auf dem Marsche.

Das M.G. auf M.G.-Lafette wird auf dem Marsche grundsätzlich auseinandergenommen getragen.

a) Das M.G.

Der Trageriemen wird über die rechte Schulter gelegt, rechte Hand am Trageriemen oder am Griffstück (Bild 39).

9*

Zum Tragen des M.G. auf dem Marsche.

Bild 39. M.G. über die rechte (linke) Schulter gehängt, Trageriemen vorn

Bild 40. M.G. umgehängt, Trageriemen hinten.

Bild 41. M.G. geschultert.

Im „Rührt Euch" kann das M.G. in derselben Weise über die linke Schulter oder nach Bild 40 und 41 getragen werden.

Um ein Verbiegen des Mantels und damit ein Festklemmen des Laufs zu verhindern, ist **das Tragen des geschulterten M.G. mit dem Kolben nach rückwärts verboten.**

Der Staubschutzdeckel muß geschlossen sein.

b) Die M.G.-Lafette.

Die M.G.-Lafette wird mit Hilfe der Trageriemen (Gleitbahn nach unten) auf den Rücken gehängt getragen (Bild 42). Beim Umhängen kann der Schütze 1 dem Schützen 2 helfen.

Die M.G.-Lafette kann auch zur Abwechslung mit der Gleitbahn nach oben getragen werden.

2. Im Gefecht.

a) Das M.G.

Im Gefecht trägt der Schütze das M.G. am geteilten Trageriemen oder schräg vor der Mitte des Körpers, so daß vom Gegner die Waffe als M.G. nicht erkannt wird. (Bild 43 und 44).

b) Die M.G.-Lafette.

Auf ganz kurzen Strecken kann der Schütze 2 die M.G.-Lafette in Anschlagstellung tragen.

Auf längeren Strecken trägt er sie zusammengeklappt mit einem Riemen über die rechte oder die linke Schulter gehängt (Bild 45) oder in der Hand, Gleitbahn nach hinten zeigend.

Im Kriechen kann die Lafette auch auf dem Rücken mit der Gleitbahn nach hinten getragen werden.

Tragen der M.G.-Lafette.

Bild 42. Beim Marsch auf dem Rücken

Bild 43. Das Tragen des M.G. im Gefecht.
Am Trageriemen.

Bild 44. Das M.G. im Gefecht. Schräg vor dem Körper getragen.

Bild 45. Das Tragen der M.G.-Lafette. Im Gefecht, Trageriemen über eine Schulter gehängt.

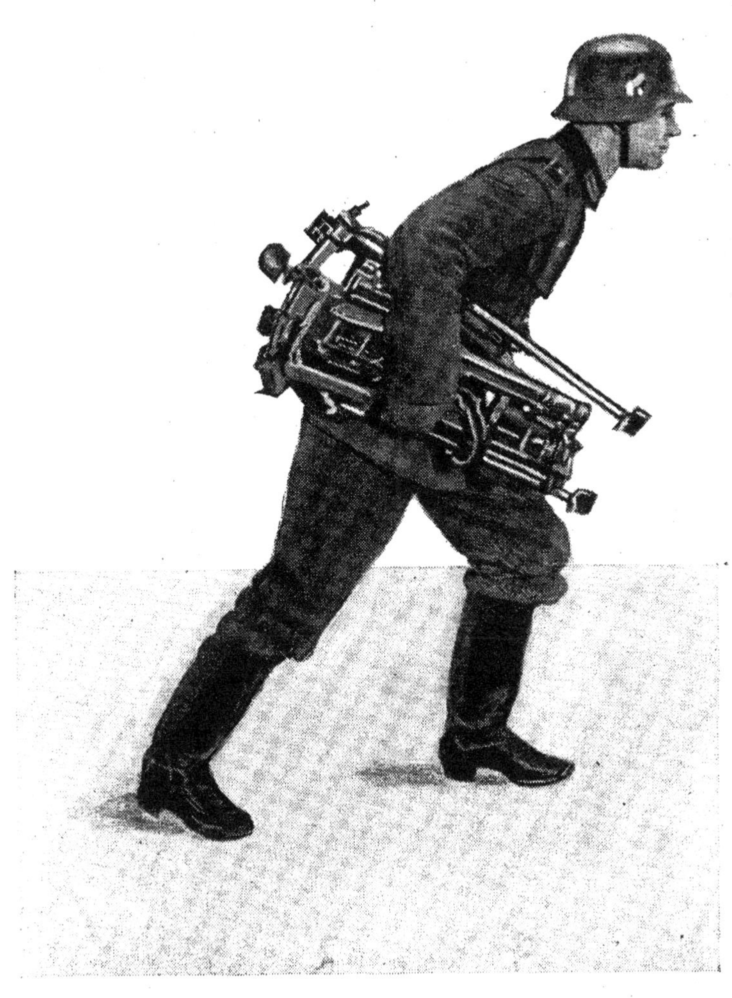

XI. Anschlagarten.

a) Mit dem le.M.G.

Die Treffleistung (Zusammenhalten der Garbe am Ziel) hängt beim M.G. 34 und M.G. 42 ganz besonders vom richtigen Anschlag ab.

Die Abstützung der Waffe in Richtung der Seelenachse beeinflußt die Lage der Geschoßgarbe nach der Seite. Die Unterstützung der Waffe (Zweibein — Schulter) beeinflußt die Lage der Geschoßgarbe nach der Höhe.

Der beste Lehrer für den richtigen Anschlag ist die M.G.-Lafette. Beim le.M.G. müssen der Körper des Schützen und die Unterstützungsart (Zweibein, Dreibein) zusammen die M.G.-Lafette beim s.M.G. ersetzen.

1. **Anschlag liegend** — Vorder(Mittel)-Unterstützung —

Die Stellung des Zweibeins muß den Körperverhältnissen des Schützen beim Anschlag im ebenen Gelände entsprechen.

Erfordert das Gelände eine Änderung der Anschlaghöhe, so zieht der Schütze das M.G. etwas zurück, hebt es mit der rechten Hand am geteilten Trageriemen oder Mantel etwas an und dreht mit der linken Hand die Stellschraube am Zweibein (Bild 46).

Der Körper muß so zur Schußrichtung liegen, daß die nach rückwärts verlängerte Seelenachse durch die Mitte des Körpers geht (Bild 47).

Zweibein, Schulter und Ellenbogen stützen gleichmäßig das M.G. Es ist mit dem Gewicht des Körpers — nicht mit der Schulter allein — leicht nach vorn gegen das Zweibein zu drücken. Der Kolben wird mit der linken Hand in die Schulter eingezogen.

Zwischen Schulter und Zweibein ist eine feste, aber zwanglose Verbindung herzustellen (Bild 48 und 49).

Bild 46. Ändern der Anschlaghöhe.

Bild 47. Anschlag liegend, von hinten gesehen.

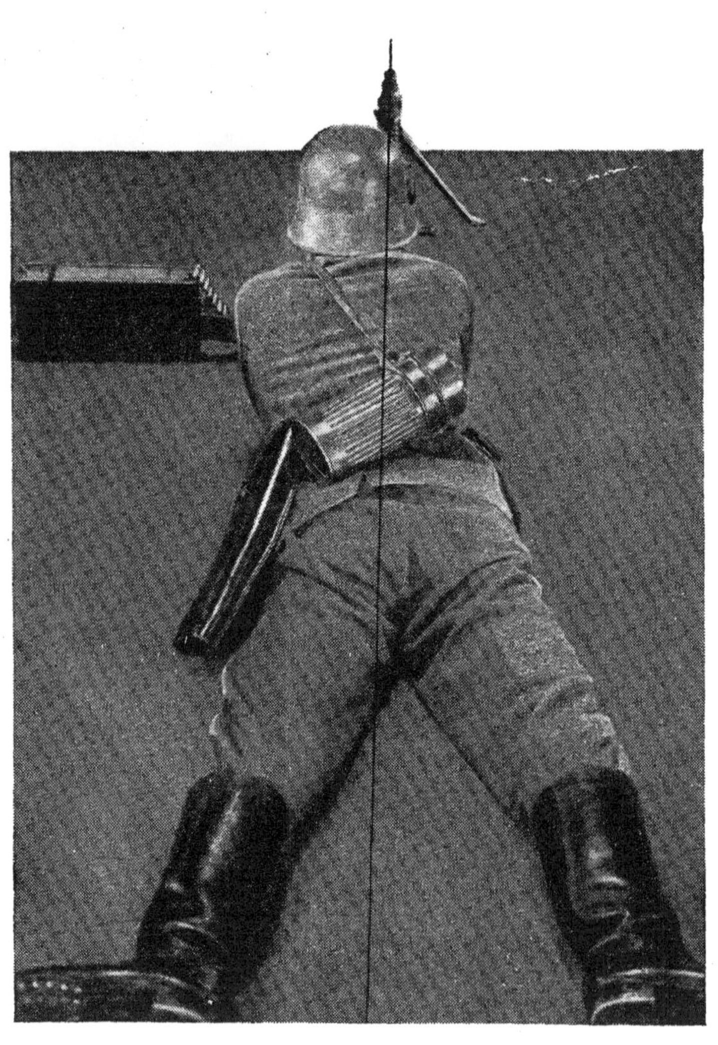

Läßt sich das verkantete M.G. im Anschlag schwer drehen, so genügt ein leichtes Zurückziehen, um das Drehen des M.G. im Zweibein zu erleichtern.

Jede krampfhafte Anspannung ist zu vermeiden.

Bei falscher Körperlage zum M.G. und bei krampfhaftem Einziehen oder Hineinlegen in das Zweibein (Lümmeln) wandert die Geschoßgarbe nach dem ersten Schuß je nach der Körperlage und Verbindung zwischen Schulter und Zweibein nach links oben oder rechts oben aus.

Stellen des Visiers.

Der Schütze klappt das Stangenvisier, ohne den Oberkörper zu heben, mit der rechten oder linken Hand hoch, drückt auf den Drücker am Visierschieber und stellt den Schieber auf die entsprechende Entfernungsmarke ein.

2. **Anschlag kniend** — M.G. auf Dreibein —

Ist beim Erdzielbeschuß das Schießen auf Zweibein infolge Bodenform oder Bodenbedeckungen nicht möglich, so kann zu einem höheren Anschlag das Dreibein als Vorder- oder Mittelunterstützung benutzt werden. Wenn es die Gefechtslage erfordert, kann das Dreibein auch im Liegen an das M.G. angebracht und mit eingesetztem M.G. zum knienden Anschlag aufgestellt werden.

Dazu nimmt der Schütze den Aufsatz aus dem Dreibein und stellt das Dreibein so niedrig wie möglich auf. Schütze 1 übernimmt den Aufsatz des Dreibeins, klappt Korn und Stangenvisier am M.G. hoch und schwenkt den Aufsatz des Dreibeins in die Mittel- oder Vorderunterstützung des M.G. ein. Der Aufsatz zusammen mit dem le.M.G. sind in den Kopf des Dreibeins einzusetzen.*)

Zum Anschlag kniend läßt sich der Schütze auf ein oder beide Knie nieder. Er lehnt die Schulter fest

*) Das Zweibein ist zum Schießen mit Vorderunterstützung in den Einschub für die Mittelunterstützung zu setzen. Zum Schießen mit Mittelunterstützung bleibt es angeklappt.

www.ingramcontent.com/pod-product-compliance
Ingram Content Group UK Ltd.
Pitfield, Milton Keynes, MK11 3LW, UK
UKHW041846190726
13854UKWH00002B/745

9 781843 425182